软件加工中心系列丛书

软件需求工程

主　编　舒红平　魏培阳

副主编　刘　魁　王亚强　罗　飞

参　编　肖　辉　刘　寨　杨　晓

　　　　赵玉明　刘蒙蒙

西南交通大学出版社
·成 都·

图书在版编目（ＣＩＰ）数据

软件需求工程 / 舒红平，魏培阳主编. 一成都：
西南交通大学出版社，2019.5
（软件加工中心系列丛书）
ISBN 978-7-5643-6574-5

Ⅰ. ①软… Ⅱ. ①舒… ②魏… Ⅲ. ①软件需求
Ⅳ. ①TP311.52

中国版本图书馆 CIP 数据核字（2018）第 246452 号

软件加工中心系列丛书

软件需求工程

责任编辑／穆　丰

主　编／舒红平　魏培阳

助理编辑／郭鑫鹏

封面设计／曹天擎

西南交通大学出版社出版发行
（四川省成都市金牛区二环路北一段 111 号西南交通大学创新大厦 21 楼　610031）
发行部电话：028-87600564　　028-87600533
网址：http://www.xnjdcbs.com
印刷：四川森林印务有限责任公司

成品尺寸　185 mm×260 mm
印张　11.75　字数　290 千
版次　2019 年 5 月第 1 版　印次　2019 年 5 月第 1 次

书号　ISBN 978-7-5643-6574-5
定价　28.00 元

课件咨询电话：028-87600533
图书如有印装质量问题　本社负责退换
版权所有　盗版必究　举报电话：028-87600562

总　序

　　软件是人类在对客观世界认识所形成的知识和经验基础上，通过思维创造和工程化活动产出的兼具艺术性、科学性的工程制品。软件是面向未来的，软件使用场景设计虽先于软件实现，却源于人们的创新思想和设计蓝图；软件是面向现实的，软件虽然充满创造和想象，但软件需求和功能常常在现实约束中取舍和定型。

　　软件开发过程在未来和现实之间权衡，引发供需双方的博弈，导致软件开发出现交付进度难以估计、需求把控能力不足、软件质量缺乏保障、软件可维护性差、文档代码不一致、及时响应业务需求变化难等问题。为更好地解决问题，实现个性定制、柔性开发、快速部署、敏捷上线，人们从软件复用、设计模式、敏捷开发、体系架构、DevOps 等方面进行了大量卓有成效的探索，并将这些技术通过软件定义赋能于行业信息化。今天，工业界普遍采用标准化工艺、模块化生产、自动化检测、协同化制造等加工制造模式，正在打造数字化车间、"黑灯工厂"等工业 4.0 的先进制造方式，其自动化加工流水线、智能制造模式为软件自动化加工提供了可借鉴的行业工程实践参考。

　　软件自动生成与智能服务四川省重点实验室长期从事软件自动生成、智能软件开发等研究，实验室研发的"核格 Hearken™"软件开发平台与工具已在大型国有企业信息化、军工制造、气象保障、医疗健康、化工生产等领域上百个软件开发项目中应用，实验室总结了制造、气象等行业的软件开发实践经验，形成了软件需求、设计、制造及测试运维一体化方法论，借鉴制造业数字化加工能力和要求，以"核格 Hearken™"软件开发平台与工具为载体，提出了核格软件加工中心（Hearken™ Software Processing Center, HKSPC）的概念和体系框架（以下简称"加工中心"）。加工中心将成熟的软件开发技术和开发过程提炼成为软件生产工艺，并配置软件生成的工艺路径，通过软件加工标准化支撑平台生成自动化工艺；以软件开发的智能工厂为载体，将软件生产自动化工艺与软件流水线加工相融合，建立软件加工可视化、自动化生产流水线；以能力成熟度为准则，需求设计制造一体化方法论为指导，提供设计可视化、编码自动化、加工装配化、检测智能化的软件加工流水线支撑体系。

　　加工中心系列丛书立足于为建设和运营软件加工中心提供专业基础知识和理论方法，阐述了软件加工中心建设中软件生成过程标准化、制造过程自动化、测试运维智能化和共享服务生态化的相关问题，贯穿软件工程全生命周期组织编写知识体系、实验项目、参考依据及实施路径等相关内容，形成《软件项目管理》《软件需求工程》《软件设计工程》《软件制造工程》《软件测试工程》《软件实训工程》等 6 本书。

　　系列丛书阐述了需求设计制造一体化的软件中心方法论，总体遵从"正向可推导、反向可追溯"的原则，提出通过业务元素转移跟踪矩阵实现软件工程过程各环节的前后关联和有序推导。从需求工程的角度，构建了可视化建模及所见即所得人机交互体验环境，实现了业务需求理解和表达的统一性，解决了需求变更频繁的问题；从设计工程的角度，集成了国际国内软件工程标准及基于服务的软件设计框架，实现了软件架构标准及设计方法的规范性，解决了过程一致性不够的问题；从制造工程的角度，采用了分布式微服务编排及构件服务装配的方法，实现了开发模式及构件复用的灵活性，解决了复用性程度不高的问题；从测试工程的角度，搭建了自动化脚本执行引擎及基于规则的软件运行环境，实现了缺陷发现及质量保障的可靠性，解决了质量难以保障的问题；从工程管理的角度，设计了软件加工过程看板及资源全景管控模式，实现了过程管控及资源配置的高效性，解决了项目管控能力不足的问题。

　　本系列丛书由软件自动生成与智能服务四川省重点实验室的依托单位成都信息工程大学编写，主要作为软件加工中心人员专业技术培训的教材使用，也可用于高校计算机和软件工程类专业本科生或研究生学习参考、软件公司管理人员或工程师技术参考，以及企业信息化工程管理人员业务参考。

舒红平

2019 年 5 月

前　言

信息化软件是推动信息密集型企业发展生产力的关键要素。在企业需求多元化、基于IT的业务模式创新日益频繁的环境中，信息密集型企业面临的竞争已经发生了明显的变化。通过对竞争环境的分析，要求需求应该具备打破业务与技术鸿沟、能够快速响应需求变化的能力，软件需求工程就为解决此类问题提供了一条路径。

本书主要从业务场景建模出发，使用面向对象的建模过程与方法，全程遵循"正向可推导，反向可追溯"的原则，通过过程关联及演化形成系统建模成果。本书共分11章，舒红平编写第1、11章，魏培阳编写第2、3、9、10章，刘魁编写第4、5、6章，王亚强编写第7章，罗飞编写第8章。全书由魏培阳统稿，舒红平主审。

本书通过案例与需求工程方法论结合的方式，通过提出问题、分析问题和解决问题的过程，逐步将建模过程讲述清楚，并结合项目实际运用的专业图形，图文并茂，加深对原理和过程的理解。另外，本书在进行问题分析方面，熟练使用5W2H分析法，这是一种非常富有启发意义、简单、方便、易于理解和使用的系统分析方法，它不仅能够将问题表述清楚，还可以通过问答弥补疏漏。在需求采集的许多方面都可以使用此方法进行分析。

本书着重介绍软件需求工程方法论，对软件需求建模进行了详尽的描述，有助于初学者在学习之初就树立严谨的需求建模观念，学习需求建模方法。

再者，本书也非常适合熟知软件开发流程，有需求建模经验的读者，书中提到了很多需求建模过程中的诀窍和注意事项，可以帮助这些读者更快成长。

至于学校学生就更适合这本书了，书中附录提供了术语及词汇解析，便于初学的同学们随时查阅关键词汇与术语的概念。

最后还要感谢肖辉、刘寨、杨晓、赵玉明、刘蒙蒙等在本书在形成过程中做了很多工程实践、理论验证、资料收集、图形绘制等基础性工作，以及唐聃、曹亮、赵卓宁、张建、李世彬、张殿超等对本书提出的建议，在此特向他们表示感谢，感谢大家为本书出版所付出的努力。

作　者

2019 年 5 月

目　录

1 需求工程引言

软件需求工程是软件工程领域的一个重要分支，是进行软件整体建模的第一个重要的阶段性工作。在实际的软件项目中，需求建模质量的好坏会对整个软件项目的成败产生直接影响。因此，需求工程正受到业界越来越多的关注。本章由软件工程的质量引出软件需求工程的定义，接着描述了需求工程的目标以及如何评价目标是否完成。

1.1 从报告说起

世界上软件项目的失败率其实一直是存在的，在导致项目失败的原因中需求问题占比一直比较大。我们通过案例来具体分析一下由于需求问题导致软件项目失败在所有失败原因中所占的比重及造成的后果和影响。

1.1.1 CHAOS Report 2015

美国的第三方机构 Standish Group 自从 1994 年起每年都会对软件项目实践的现状进行分析和统计，对软件产业在当前年度的发展给出概括总结。根据 2015 年发布的报告，从显示的数据中分析失败的原因，为下一步解决问题提供思路。

2015 年的 CHAOS Report 研究了全球 50 000 个软件项目，从软件的附属小项目到超大型的工程项目都有涉及，对其执行过程从不同的角度进行了调查和分析总结。2015 年的报告在关于软件项目成功的定义上，除了总结了前几年的调查经验外，还特别强调了需要加强的额外因素。

结果显示，软件开发项目想要取得成功仍有很长的路要走。表 1-1 显示加入新的关键因素后，五年内软件开发项目的结果。

表 1-1   2011-2015 年项目结果统计

	2011 年	2012 年	2013 年	2014 年	2015 年
成功项目	29%	27%	31%	28%	29%
有缺陷项目	49%	56%	50%	55%	52%
失败项目	22%	17%	19%	17%	19%

Standish Group 组织自从 1994 年开始发布报告后就持续地追踪影响软件项目成功的因

素，而这部分也是报告的关键部分，CHAOS Report 还根据各个因素的权重及影响因子进行了分级。2015 年的报告结果如表 1-2 所示。

表 1-2 成功项目因素占比

项目成功的因素	分数	权重
高层支持	15	15%
心理成熟度（项目环境冲突解决）	15	15%
用户的参与	15	15%
持续的改进	15	15%
拥有专业技能的人员	10	10%
标准化的架构体系	8	8%
敏捷过程	7	7%
成熟的项目过程	6	6%
项目管理技能	5	5%
清晰的商业目标	4	4%

其中关于表中涉及到的因素的定义如下：

高层支持：信息化项目一直都是一把手工程，只有获得管理层的高度支持，从思想到财务都能达到高度的一致时，执行层受到鼓舞，加大投入才是项目获得成功的有力保障。

心理成熟度（项目环境冲突解决）：主要是指一起工作的人们的基本行为的集合，在任何团队、组织或者公司，项目环境冲突的解决都是工作技能和项目人员本身个性的妥协和融合。

用户的参与：不仅指用户在项目的导向和业务信息的收集过程中参与，更是包括用户的反馈、需求的审查、业务研究、原型界面评审甚至业务工具的开发等环节。

持续的改进：是指关于小项目的不断优化，或大型项目核心需求的持续收集过程中形成一套可以结构化的方式方法。这种改进或优化基于相应的业务目标，从项目的范围开始。

拥有专业技能的人员：主要是指有理解业务和技术的人员，同时兼具业务领域背景和技术能力的人通常都会对项目的具体业务需求和产品的形成过程贡献较大的价值。

标准化的架构体系：主要是指标准化的技术管理框架。Standish Group 组织定义这种框架是以开发、执行、运维为核心，集成了实践过程、服务和产品发布等一体的技术管理框架体系。

敏捷过程：主要是指项目团队或者产品开发者具有丰富的敏捷过程开发经验。

成熟的项目过程：是指整个项目具有很少的可变部分，整个项目过程都应该尽量使用自动化工具或形成流水线型的软件生产过程，阶段分明、任务明确、管控标准。

项目管理技能：是指应用知识、技能满足业务需求，或者化解客户不切实际期望的能力，能够对组织产生有用的价值的过程。

清晰的商业目标：是指能够清晰地理解项目干系人及所有的项目参与人员对项目的期望，清晰的项目目标意味着对应组织的目标和策略的响应过程也是敏捷的。

从表 1-2 可知，在 10 大保证项目成功的因素中有 4 个是与需求直接关联的（加粗显示的部分），累计权重达 45%，可见需求问题对项目成功有着巨大影响。

1.1.2　"黄金圆环"

从 1.1.1 节可知，软件项目的成功需要着重注意的因素中有 4 个与人有直接关系（高层支持、用户的参与、拥有专业技能的人员、项目管理技能），由此可见人在软件项目中的重要性。需求过程遵循"以人为本"的理念，紧紧围绕业务，做好、做细业务问题，才能保证需求调研的准确性和有用性。

但是作为需求人员，在与人沟通的过程中总是会感叹软件的需求为什么总是变化？沟通为什么总有障碍？实施敏捷、改变组织为什么那么难？与这一切相关的还是人，也许只有更多地了解软件过程中涉及的"人"之后，才能更好地解答上面这些问题。

在分析三个问题之前，或者是说在具体了解软件过程中的"人"之前，我们先从"黄金圆环"说起。作家西蒙·斯涅克用图 1-1 的黄金圆环法则为我们解释了那些伟大的人为何与众不同，他们为什么能激发人们去追随。一般人的思维习惯，在这个黄金圆环上都是从外到内的，但是激励型的领导者则与此相反。而且黄金圆环法则还有着生物学依据：人类的语言、情感和行动是由不同大脑区域负责的，负责情感和行动的大脑区域并没有语言功能，但是我们能够用语言、形象、情感和行动唤起人们的情感、行动响应。

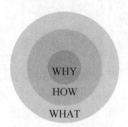

图 1-1　黄金圆环

既然黄金圆环法则具备生物学依据，还能解释如何激发人们的行动，那它能否适用于软件领域呢？能够用黄金圆环来分析和说明上述提及的三个问题吗？

1. 软件的需求为什么总是变化？

如果我问我的用户，他们只会说要一匹更快的马。

——李世彬（软件公司副总经理，高级项目经理）；
客户告诉你的永远是他的解决方案，而非真正的需求。

——张殿超（软件公司区域分公司经理，高级项目经理）。

软件需求的变化历来是软件研发中的重大难题。几十年来，业务及技术专家们想尽办法，却无法有效阻止需求变化的发生。为了限制变化，需求变更委员会应运而生。需求变化是如此不受欢迎，因此当客户的需求发生变化时，我们总会抱怨，为什么不能提前发现，为什么不提前说清楚呢？其实我们没有发现，关于需求，我们有一个至关重要的假设，就是用户知道他需要什么，而且有能力描述清楚，但是我们认为他没有这么做。然而，黄金圆环法则告诉我们，这种假设并不正确，客户实际上并不能用语言准确描述他情感和行动上的真正需求，他也只是在观察、解释和分析而已。虽然事实上只有当客户真正看到软件并开始使用的时候，他才真正知道这是不是他想要的，但没有人会承认他不能说清楚自己要什么。所以当客户很诚恳地告诉你"这的确是我以前说的，但这不是我想要的"的时候，请别抓狂，这位客户能这么告诉你已经很好了。客户的需求有可能从来就没变过，变化的是他的描述和我们的理解。图 1-2 很好地说明了这个问题。

图 1-2　需求的变化

那么如何解决这一问题呢？我们不需要和黄金圆环法则对抗，而是要利用它做到更好。

（1）接受现实：客户无法精确描述他的需求，即使是产品经理也不能。

（2）实地考察：如果能够有机会真正了解客户对软件的操作和感受，一定要自己进行观察分析确认，不要仅仅依靠客户的语言描述，那只是他自己分析的结果。

（3）多种方式：采用更丰富的手段收集需求，包括图形、录音、录像，这样才能够从情感、行动等维度了解需求。

（4）尽快验证：让客户尽快看到、体会到他需要的产品，纸上原型、原型界面、及早交付等方式都可以采用。

（5）接受现实：当客户反馈说，这不是他想要的时候，请勿丧气，这是了解客户需求很好的机会（可能是最好最实际的方法，不过别太晚）。

2. 为什么沟通总是有障碍

首先来看图 1-3 所示的沟通漏斗，它告诉大家，沟通是很难的。首先你心里想的，你并不能完全由语言表达，因为还包含情感和行为，所以你能表达出来的就不是 100%；然后你用语言描述了你想表达的内容，或许还带着自己的情感，但可能你并不知道或者不能完全控制自己的情感和行为的表达；再后，别人听到了你的描述，试图体会你的感情，观察到你的行为，这就是别人听到的 50%；别人试图用自己的语言、情感和行为来感受和分析他听到的、体会到的、观察到的这些部分，这就是别人理解的 40%；最后，别人试图把其听懂的用行为表现出来，这就是别人接受的 30%，其实能剩下 20%已经很不错了。

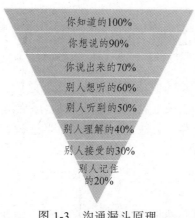

图 1-3　沟通漏斗原理

如何解决这一问题呢？在解决沟通漏斗的问题上应认识到"沟通就是影响力"，对于有分歧的问题及时进行沟通，无论大事小事都及时进行讨论，如有必要还可以通过会议的形式解决。完成任务的过程中及时进行反馈，如有偏离应及时纠正。每项工作都应有专人负责，并对工作有充分的认识，如遇问题应该及时进行沟通，及时提供需要的信息，保质保量地完成每一项任务。强调沟通重要性的同时，也要接受沟通是存在客观难度的，所以结合黄金圆环法则的要求，在沟通的同时还要关注情感和行为，以异地沟通的邮件为例，除了必要的工作内容汇报说明外，可以加入自己对事件背景的分析思考、情感、行为、信念等，让收件人能够与自己不仅在语言上，还在情感、行为上产生共鸣，沟通成效自然就会有极大的提升和发展。

3. 实施敏捷、改变组织为什么那么难？

改变行为模式最有效的不是"分析—思考—改变"，而是"目睹—感受—改变"。

——曹新彬（软件公司副总经理，高级产品经理）。

实施敏捷、改变组织都是改变，而改变之所以这么难是因为我们不知道如何激发人们的行动。当然，作为实施敏捷或者推动组织改变的人是不会承认这一点的，于是发明了一个词来描述这一现象，这个词就是抗拒。一切都是因为人们在抗拒改变，因为我们已经告诉过他们敏捷和改变带来的好处了。千言万语都抵不过脚踏实地的一次行动，所以，对停留在说教上的人来讲，改变是一个不可能完成的任务。

作为在软件产业中的我们，如何加快 Why-How-What 循环的速度是大家可以学习和研究的。我们的学习和改变会经历多个步骤：听说某种行为有效——意识到某种行为有效——相信这种行为对自己也有效——意识到自己的行为需要改变——寻找机会进行改变——克服困难进行训练——掌握这种行为。在这些步骤中任何一步出现困难都会导致改变不能发生。如果还想传授这种行为，需要的步骤更多。对大多数人来讲，从认知到行动的时间是以月计，甚至以年计。这是符合黄金圆环法则的，毕竟控制语言和控制行动的部分互不统属，只能相互影响。但是经过专门的训练，大家可以改变自己的认知、情感和行为反应，从听说到行动的速度可以以天计。主动学习速度在激烈变化的时代和环境中是很大的竞争优势。

1.2　什么是需求工程

我们在 1.1 节中分析了需求的成功要素以及"人"之后，对需求在软件研发过程中所起到作用也有了初步了解，接下来我们就来探讨下需求工程的定义以及其相关的特征，也对如何使用此需求工程方法论（简称：方法论）给出了一些建议。

1.2.1　需求工程的定义

要给一个名词下定义，是一件很严肃和严谨的事情，因此，要给出需求工程准确的定义是不太现实的。因为从不同角度，不同的维度，会有不同的定义和不同的看法。本书从方法论推进和实施的角度出发，提出了本书对需求工程的理解和定义。

需求工程是面向业务全局、系统顶层的一种着眼于软件过程全过程的工程，是将客户业务作为内部研究对象、将软件工程实施作为外部研究对象的工程。

需求工程是在遵循"正向可推导，反向可追溯"的总体思想下，由需求的规划活动、需求的业务建模过程、需求的系统建模过程组成的，重视软件非功能特性和需求功能可量化、可验证的一套方法论的集合。

之后，书中提到的需求工程即以此定义为准。

结合本书中需求工程的定义,我们提出了基于此方法论集合的需求工程的主要任务如下：

（1）从客户所处行业和领域已有工作的规章制度、岗位职责、工作流程、工作规划、工作总结以及相关法律法规等入手，进行资料的收集和整理。

（2）通过对收集和整理的资料加以研究分析，与客户在项目的边界范围和目标深度上达成共识，并在此基础上从客户的角度建设具体反映客户实际工作情况的业务模型。

（3）基于业务模型，结合需求的范围和目标，从客户的角度进行需求的功能性分析，并在此基础上建设系统模型，同时确定系统的非功能性需求以及特殊的约束条件及限制。

（4）按照标准化模板及说明进行需求分析报告、需求规格说明书以及相关配套文档模板的编制及实现。

（5）按照需求文档的约束规则及功能验证条件，并结合软件项目的规模和重要性对需求的完整性进行验证和评审，最终根据结果反馈进行修改。

（6）按照需求工程的总体指导原则（正向可推导，反向可追溯），建设全面、规范、标准的编码体系和关联规则，能够有效地对需求过程进行跟踪、检查和出错反馈等。

1.2.2 需求工程的特征

依据需求工程的定义，结合需求工程的主要任务可以得出，需求工程是通过软件需求活动的不断深入从而形成的由过程、工具、方法、技术等构成的一套体系。因此，在需求工程实施过程中体现出了以下 8 个方面的特征：

1. 全局性

需求工程的实施是从整体到局部，从顶层到底层，从业务到系统的分解过程。需求工程的业务分析遵从自顶向下，逐步细化的原则。力求从规则上避免"只见树林，不见森林"的情况出现。

2. 主导性

需求工程以需求管理为核心，主导设计开发的全过程。需求工程是圆心，软件工程的其他各环节是圆环，需求工程影响到软件工程的各环节，其成果指导和作用于软件工程的其他环节。这也是国际上主流的 TOGAF（开放组体系结构框架）（参见附录 A）标准经过科学的研究得出的结论。

3. 主动性

需求工程相比较软件工程其他环节，需求分析人员更加主动地融入客户业务环境，主动地采用各种沟通协调方式来了解业务需求，并通过归纳法、演绎法等逻辑方法解决需求的不完整性和不确定性问题。将调研业务获取需求转变为研究业务、讲解业务、佐证业务、落实需求的过程，改变了需求获取和需求分析的被动性。

4. 过程性

需求工程通过过程使得需求分析的活动有序、使得需求分析的质量得到保障。需求工程的过程分为需求准备、需求获取、业务建模、系统建模等阶段，中间各环节通过关联规则体系串接起来以达到跟踪监控整体需求工程进度的目的。

5. 规范性

需求工程体系是在采用国际 Zachman 框架的基础上，结合国内软件行业的实际情况剪裁使用了以需求管理为核心的 TOGAF 标准，采用了符合 GB/T 9385-2008 标准的关于软件需求规格国标主要原则，最终整合成了一套标准化、规范化、模板化、可量化的需求工程实施过程。

6. 可验证可度量性

需求工程遵循"正向可推导，反向可追溯"的总体指导原则，每个阶段都有推导过程，都有推导原则，都有命名体系规范，每个关联规则涉及的元素都是可量化、可验证的。

7. 多学科性

需求工程根据软件项目所涉及领域的不同，需要需求分析人员具备快速了解和掌握多种学科知识的能力，具备较高的逻辑推理及归纳演绎能力，能够主动迅速在客户关注的领域内提炼分析出业务过程，并能在一定程度上对其过程进行分析和优化，以达到客户对项目的期望和要求。

8. 阶段性

需求工程以成果物划分形成三个较为明显的阶段：项目准备、业务建模和系统建模。每个阶段承担的目标和功能不同，侧重点也不同，但相互之间又有关联关系。项目准备阶段主要任务是明确项目目标、范围及涉众关系等情况；业务建模阶段则主要关注并梳理当前业务的实际情况以及存在的主要问题；系统建模阶段则主要从系统用户与计算机交互的角度描述关于系统的功能性需求。

1.2.3　方法论说明

在讨论和了解了需求工程的定义和特征等知识后，在正式开始进入方法论的学习之前，我们先给出一些学习和使用上的建议。有多年项目经验的资深需求分析人员都明白一个基本道理：一方面，客户的每个项目都有自身的特点，都有一些特殊的需求、要求或约束。因此，就像没有包治百病的良药一样，需求工程方法论也不会提供"万能药"，阅读本书的读者可以根据自身所参与项目的特性，针对本书所提供的方法论剪裁使用对自己项目有用的部分；另一方面，需要明白一些基本原则对所有项目都是适用的。基于此，本书从各种不同的项目中总结提炼出的经验，提供给读者一组适用于所有项目的基本活动以及相关的成果物。

本书中描述的方法论，是告诉读者如何进行需求调研，或者说做好需求必须要完成哪些事情。其中所用到的模板、规范和标准等是实施需求建模活动的基础。我们在这里提供给大家一些公共的组件元素，读者需要结合所负责项目的实际情况，适当进行本地化修改，使用它们来完成自己的项目需求建模过程。因此，在阅读完本书，理解每种组件元素及其相关成果物的内容和目的之后，大家可以思考一下如何在你的项目环境下，结合方法论，利用现有的资源，最好地实现符合项目实际情况的需求过程？

在这里，我们可以回答以下几个问题，通过这种引导式的思考，考虑每项组件元素及其成果物的使用，会对当前项目的推进产生什么积极影响。

（1）在你的环境中，该项组件元素或成果物被称为什么？使用一般过程模型中的术语定义，并确定在你的组织中等价的提交产物。

（2）该组件元素或成果物与本项目是否有关？

（3）对该组件元素或成果物知道多少？是否有足够的理由，能确定其对客户需求调研和建模过程是必不可少的？

（4）谁负责得到该项组件元素或成果物？明确此项组件元素或成果物该由谁负责，是否需求分析人员经常使用。当涉及多个人员时，他们之间的交互及接口定义是否有明确的定义。

（5）该组件元素或成果物在何时产生？是否方便将项目阶段与需求过程进行映射对照。

（6）该组件元素或成果物在何处产生？一般的组件元素或成果物常常是由多个部分形成的，这些部分根据所处位置的不同，所处的作用和功能也不尽相同。

（7）谁关心或需要使用该组件元素或成果物？在组织内寻找已有的检查点信息。在项目中是否有大家公认的阶段，是否由同级人员、用户或经理来复查需求类文档？

1.3　需求工程的目标

在 1.2 节充分了解需求工程基本信息的前提下，我们也有了统一的背景领域知识，然而古语云"凡事预则立，不预则废"，告诉我们做什么事情都要有计划，都要有的放矢，都要有目标。那么需求工程目标是什么，需求工程如何简化或提升我们的工作效率呢？其实，需求工程实施的过程，是一种认识世界到改造和建立新世界的过程，其中反映出了我们对软件需求建模的种种思考。

1.　如实反映业务现状

方法论的首要任务就是要弄清楚客户的业务现状，清楚地了解现状才能运用逻辑推理方法对项目真正的系统需求有较为准确的把握。

如果客户原来就有系统，进行过信息化建设，我们就应该分析业务在现有系统的流转，从中借鉴比较好的处理方式，避免用户对原系统抱怨的处理方式。

如果客户对当前的业务还没有进行信息化建设，就要从当前业务处理的过程，业务的制度文件和涉及的岗位人员等方面获取业务的真实情况。

当然真正的业务需求的调研过程中，最好将上述两者结合起来一起使用，从不同的方面描述业务需求。

软件需求是从业务需求经用户需求最终到系统需求，所以业务需求是软件需求的源头，而业务需求又是从客户业务中来的，客户有问题且需要解决的业务才是业务需求。

2.　准确定义系统功能需求

需求工程的直接结果是为其后续环节（设计工程、制造工程等）提供支撑。需求工程成果物之一的《需求规格说明书》就是后续环节建设的依据，因此，准确地定义项目的系统功能需求就成为需求工程的另一个主要目标。方法论也提供了一种从对象世界来描述现实世界的方法。

3.　为全面量化组件元素提供支撑

国标推荐文档以及相关国际标准都在强调需求的可量化，方法论采用了"三尖叉"（目标、问题、度量）的方式来为元素量化提供支撑。在方法论中所有的组件元素都具备可量化的实际操作，在涉及的表格中，贯彻了更为详细的"三尖叉"应用原理。下面的案例给出一个普遍的操作方式，给出具体的数据，方便进行计算或量化，做出结果对比，确定是否真的有效果，有提高。

案例&知识：

目标：精确预报辖区内 1 km 格点雨量情况并结合道路隧道信息给出出行提醒。

问题：通过给出出行提醒来减少车辆行经隧道出现抛锚从而减少道路交通事故，提高出行安全性。

度量标准：在产品覆盖的区域道路隧道节点，因雨水积压而造成的车辆抛锚情况比先前数据降低 70% 的水平。

4. 为需求建模的过程标准化提供一种可能

在业界存在着众多的建模标准，都有具体的执行步骤及实施指导原则，但是广大读者真正用到实践中，或多或少会出现应用上的偏差，可能由于作为使用者未全面理解作者的意图，可能由于实施过程存在着某种缺陷，可能适用的领域不同等。本书的方法论则是经过多个领域项目实践（制造业、气象、环保、教育等），主要面向企业信息化领域，有相对固定用户（相对面向公众类型的项目而言）的一种实施过程方法论。

1.4 如何评价

正所谓"真金不怕火炼"，方法论在应用中的好坏，是否能够真正地解决业务建模的实际问题，是否真实有效地为需求调研提供一种解决方案，需要一套客观的评价机制做出判定。本节主要以 GB/T9385-2008 对需求的评价依据作为标准，读者经过全套方法论的学习后，可以依据此标准——对应量化，核实方法论是否在工作中满足了以下要求，是否真实提高了需求建模的效率和满足了需求建模的完备性。

1. 正确性

对系统功能、行为、性能等的描述必须与用户的期望相吻合，代表了用户的真正需求。当且仅当用户的每一项需求都是软件应满足的需求，才表示需求建模是正确的，相关人员（客户和需求分析人员等）可以参考其他项目文件，其他适用的标准（公司流程、规章制度等）进行对比，以确保其相互一致，这里可以结合后面马上要提到的可追踪性进行相互的映射检查。

案例&知识：

叮铃铃……，程序员小赵的电话响了。小赵刚刚拿起电话就听到对面迫不及待的抱怨声音，"仓库管理员反映，入库的模块没有办法使用！你检查一下，尽快解决。"

小赵放下电话就开始 Check out、Builder、Run、Debug 等一系列的操作。经过一番测试之后，小赵没好脾气地拿起电话回复说："这些客户真是笨！哪里有什么问题，肯定是操作上出现了问题！我用的时候怎么都是好的，你们客服应当加强对用户的培训，别什么事情都扔给我们！"

……………

但是问题依然没有得到有效地解决！开发人员到现场一看才知道这是一个基于 B/S 的仓库管理系统。在入库的时候仓库管理员首先要录入入库单，然后填入"验收情况"，点击 "入库"按钮。但是当仓库管理员录入完入库单，逐一验证入库货物之后再回到电脑面前时，等待他的却是一个令人不知所措的问题——Session 超期。

憋了一肚子气的小赵一个电话就打到需求分析员小钱那里："你们的需求是怎么填写的！这么重要的东西也不写明白，我们怎么知道填完入库单后要验货那么长时间，才填写验收情况呀。"

"哦，这也算是需求么？如果这也算是需求的话，我们岂不是成了业务人员了！"小钱很强势地回答。

上面的案例是每个需求分析人员日常的一个缩影，真实但又明确反映出了需求调研最基本的问题。这就体现了用户代表参与需求调研的重要性。因为，只有用户才能确定用户需求的正确性。所以，方法论提出了业务场景建模，如果缺乏对场景的了解，又如何能够真正理解需求呢？如果断了"业务场景"之章，就必将导致取出的"需求"之义有所偏差。

2. 无二义性

当且仅当每项需求都有且只有一种解释，才表明需求说明是无歧义的，所以，要求最终对需求的描述尽量采用统一、唯一、明确的术语来描述。

对于二义性需要说明：（1）由于自然语言极易导致二义性，所以尽量把每项需求用简洁明了的用户业务性语言表达出来；（2）可以采用某种固定的需求表达语言，该语言可以有固定的语法、语义表达，但又不至于过多影响非技术方面用户的理解；（3）加强对需求文档的正规审查，编写测试用例，开发原型以及设计特定的方案脚本；（4）当在特定背景中使用的某个术语存在多种含义时，应将此术语收纳于术语表中，以便更加具体地解释其含义；（5）需求文档宜由独立的一方进行评审，以便识别语言的模糊用法并予以纠正。

3. 完整性

需求工程应该包括软件要完成的全部任务，不能遗漏任何必要的需求信息，要注重用户的任务而不是系统的功能，才能避免不完整性。

关于完备性需要说明：（1）所有重要的需求，不论是否与功能、性能、设计约束、属性或者外部接口有关，尤其是由系统规格说明所施加的任何外部需求都应当得到确认和处理；（2）软件响应的定义，以说明软件对所有可实现的输入数据类型的响应，应当注意，对于有效和无效输入数值两种情况，规定软件响应都是重要的；（3）需求工程中所有图表的全面标记和索引，以及所有术语和度量单位都应有明确的定义；（4）对于待定问题必须进行说明（为什么答案未知），以便条件成熟时问题能得到解决，描述排除"待定"应采取的措施，由谁负责排除以及何时必须排除。

4. 一致性

需求工程对各种需求的描述不能存在矛盾，如上下层文档、术语使用冲突、功能和行为特性方面的矛盾以及时序上的不一致等。

关于一致性需要说明：当且仅当在需求描述中的任何单个需求的子集之间相互不矛盾，才表明需求是一致的。在实际的需求建模过程中可能存在以下三种类型的矛盾：（1）现实世界对象的规定特征可能相互矛盾。如：报告的输出格式在一个文档中是表格形式，而同时在另一个文档中则是文本形式；一个文档指出所有的灯都是红色的，而另一个文档则指出所有的灯都应该是绿色的。（2）在两个规定的行为之间可能存在逻辑上或时间上的冲突。如：一个文档规定程序将两个输入相加，而另一个文档则说将两个输入相乘；一个文档指出"A"必须总是在"B"之后，而另一个文档则要求"A"和"B"同时发生。（3）可能两个或更多的需求描述现实世界的相同对象，但使用不同的术语。如：在一个需求中程序，用户输入请求称为"提示符"，而在另一个需求中称为"提示"。使用统一标准术语和定义可以改善一致性。

5. 重要性和/或稳定性分级

如果需求工程中每条需求都标明其重要性或稳定性的标识，那么需求工程便按照重要性和/或稳定性进行了分级。

这是因为通常与软件产品有关的所有需求并不具有相同的重要性。某些需求可能是基本的，特别是与人身生命有关的关键应用，而其他的可能是所期望的需求。在需求工程中每个需求都宜予以标识，使需求在这方面的差异清晰和明确。在实际的需求建模过程中，读者进行重要性分级标识需求，有助于：（1）使客户更仔细地考虑每个需求，这样常常会澄清客户可能引入的任何隐蔽的假设；（2）正确且准确评估工作量，使设计人员做出正确的设计决定，并针对软件产品的开发任务能够做出不同的投入和关注，选择合适的人员或安排合适的时间来完成任务。

其中，可以用需求期望的版本更新迭代次数来标识需求的稳定程度。另外，可以采取需求分级的方式区分基本的、有条件的和可选的需求类别：（1）基本的：除非表示同意并满足了这类需求，否则软件将不被接受；（2）有条件的：表示这类需求会增强软件产品，但是，如果缺少这类需求，也不会导致软件产品被拒收；（3）可选的：表示该功能需求可有可无，这赋予需求分析人员提出超出客户需求期望的建议机会和余地。

6. 可验证性

描述的需求都可以运用一些可行的手段对其进行验证和确认。当且仅当存在某个有限的成本、有效的过程，人或机器依照该过程能够检查软件产品满足某个需求，这样的需求才是可验证的。一般说来，任何有歧义的需求都是不可验证的。

不可验证的需求包括诸如"界面友好""响应及时""提供好的人机交互方式""服务器工作稳定"之类的陈述。因为谁都无法准确定义"友好""及时""好的""稳定"，因此，这些需求都是不可验证的。再例如，提出"程序应杜绝出现无限循环"，这也是不可验证的，因为理论上该特性是不可测试的。

案例&知识：

好的易于验证的陈述示例：
报表数据应在事件触发开始的 0.2 s 内达到 60%，在 0.5 s 内生成。

上述案例的陈述方式就是可验证的，因为使用了具体的术语和可测量的数值。如果不能设计出一种有效的方法，以确定软件是否满足某个具体的需求，那么该需求就应该被删除或修改。

7. 可修改性

当且仅当需求工程的结构和形式能够对任何需求进行、全面、便利且一致的修改，同时保持其结构和形式，才能表明需求工程的结构是可修改的。

在实际操作中可以从以下三个方面来检验需求工程是否具备可修改性：（1）具有连贯、方便使用的结构，包括目录、索引及清晰的相互引用关系；（2）没有冗余，即相同的需求只出现一次；（3）分别表达每个需求，而尽量不与其他需求混淆。

8. 可跟踪性

如果每个需求的来源都是清楚的，并在之后的设计和开发的文档中能够方便地索引到每个需求，则表明该需求为可追溯的。

关于需求的可追溯性主要包括以下两种情况：（1）逆向可追溯性（直到之前的开发阶段），这依赖于每个需求可以清晰地指向其早期文件中的来源；（2）正向可追溯性（直到由需求文档产生的所有文件），这依赖于需求文档中的每个需求具有唯一的名称或索引号。

特别指出，当软件进入运行及维护阶段时，需求文档的正向可追溯性尤其重要。随着代码和设计文档的修改，最要紧的就是能够确定这些修改可能影响的全部需求的集合。

关于需求的评价部分，这里我们再通过下面的综合案例来认识一下前文提及的评价指标的含义，以便大家在实际的需求建模过程中能够真正地理解和应用上述指标来指导工作顺利有效开展。

案例&知识：

改进前：产品必须在固定的时间间隔内提供状态消息，并且每次时间间隔不得小于 60 s。

存在问题：这个需求描述不完整、不准确也不具备可验证性。

改进后：后台任务管理器（BTM）应该在用户界面的指定区域显示状态消息。

（1）在后台任务进程启动之后，消息必须每隔 60（±10）s 更新一次，并且保持连续的可见性。

（2）如果后台任务进程正在正常处理，那么后台任务管理器（BTM）必须显示后台任务进程已完成的百分比。

（3）当后台任务完成时，后台任务管理器（BTM）必须显示一个"已完成"的消息。

（4）如果后台任务中止执行，那么后台任务管理器（BTM）必须显示一个出错信息。

1.5 小 结

本章从国际公司关于软件项目执行的报告谈起，引出软件项目的失败原因中需求所占的比重最大，接着使用了"黄金圆环"规则解释说明了软件需求中所遇到的问题，以及大家在工作中如何运用此规律来帮助我们解决需求中遇到的问题。

经过上述的说明，正式提出了我们将要讨论的需求工程的定义及其相关知识，并提出需求工程方法论的基本含义，以及为何要提出方法论，方法论主要集中于解决那些问题，又该如何评价方法论的执行是否真正能解决遇到的问题。

2 建模准备

进行需求工程的建模之前，必须对建模过程中经常用到的概念和主要元素，以及它们在建模过程方法论中的特殊应用有初步的认识。本章从普及基础概念的角度将需求工程中隐含的、公共的、关键的知识点做一次汇总，方便在后续章节翻看查阅。关于某些概念的使用可能需要读者在实际项目应用中体会，真正做到理解深刻，应用到位。

2.1 如何进行分析

如何进行需求分析，方法论在需求分析过程中采取了哪些方法，它们的概念及应用方式，本章节就为大家娓娓道来。

2.1.1 5W2H分析

5W2H分析法是一种简单、方便、易于理解和使用、富有启发意义、对于事务执行和决策非常有帮助的技术分析判定方法。这种分析方法不仅能有效地将问题表述清楚，而且能够通过问答弥补考虑问题过程中的疏漏。需求采集以及分析的过程中诸多环节都可以使用此方法进行分析。

5W2H主要是用五个以W开头的英文单词和两个以H开头的英文单词进行提问，发现问题线索，寻找解决的方案，进行设计及构思，从而达到完全理解问题前因后果以及本质特征的一种方法。模型可参考图2-1所示，具体含义如下。

（1）WHY（为什么）：为什么要这么做？为什么选择这几个参数？为什么做成这个形状？理由何在？原因是什么？

（2）WHAT（是什么）：做什么工作？达到的目的是什么？

（3）WHERE（何处）：从哪里入手？在哪里做？

（4）WHEN（何时）：什么时机最适宜？什么时候完成？

（5）WHO（谁）：这个事情由谁负责？涉及那些角色人员？由谁来承担？由谁来完成？

（6）HOW（怎么做）：这个问题如何分析？如何实施？如何解决？如何提高效率？

（7）HOW MUCH（代价多少）：成本多少？需要多少资源？做到何种程度？要求的数量是多少？质量要求如何？

图 2-1　5W2H 分析

　　5W2H 分析法通过设问来抓住事物的主要特征，确定不同的内容，使用明确的列表提问方式，使问题、原因及采取的措施更加简洁、有效和明晰。5W2H 分析法从结构上帮助我们条理化地思考问题，问题思考的全面性也有助于杜绝我们处理问题的盲目性。最终使我们的工作任务完成得更加完善，从步骤和顺序上避免了可能造成的遗漏，使工作的效果更加明显。

　　当然如果有些问题使用 5W2H 分析法还是未能得到有效解决，这里又提出了升级版的 5W2H 分析法——5W2H28 问分析法。可以通过更加深入的问题递进式的分析，将实际问题进行更加详尽的梳理，具体递进问题可以参考表 2-1 所示，并依据实际情况进行扩充或修改。

表 2-1　5W2H28 问分析法

5W2H28 问	1 层次	2 层次	3 层次	4 层次	结论
WHO	是谁	为什么是他	有更合适的人吗	为什么是更合适的人	定人
WHEN	什么时候	为什么在这个时候	有更合适的时间吗	为什么是更合适的时间	定时
WHERE	什么地点	为什么在这个地点	有更合适的地点吗	为什么是更合适的地点	定位
WHY	什么原因	为什么是这个原因	有更合适的理由吗	为什么是更合适的理由	定原因
WHAT	什么事情	为什么做这个事情	有更合适的事情吗	为什么是更合适的事情	定事
HOW	如何去做	为什么采用这个方法	有更合适的方法吗	为什么有更合适的方法	定方法
HOW MUCH	花费多少	为什么要这些花费	有更合理的花费吗	为什么是更合理的花费	定耗费

　　针对需求建模过程中的问题，我们都可以通过连续的提问、不断的追根溯源，把问题的前因后果，功能原理梳理清楚。当然，并非每个问题都需要完整应用 7 个连续的问题，在具体实施的过程，根据建模的元素、涉及的范围以及特性等，我们可能采用其中若干项提问，只要能够解决问题，达到预期目标即可。若此问题比较复杂，可以使用或剪裁使用提升版 5W2H 的 28 问引导法，从更深次层次上分析问题的原因及应对策略。

2.1.2　面向对象分析

面向对象（Object Oriented，简称 OO）方法将世界看成一个个相互独立的对象，相互之间并无因果关系。对象之间的交互必须有某种条件的约束或触发才会按照一定的规律进行信息的传递。用面向对象的观点来看，一个多细胞生物，由无数个细胞构成，看上去就是一个能够正常工作的系统，但是单个细胞之间的联系并非那么紧密，它们之间通过一定的连接，独立的细胞就能够依据某个规律结合在一起，具备一定的性质和功能，然后再进行组合又可以构成更为复杂的对象，这就是面向对象的基本原理。

面向对象方法应用在软件开发领域即是强调面向客观世界或问题域中的事物，主要解决基本的适应和演化问题，因此，方法论的建模过程也更多从面向对象的视角进行。那么，我们就从面向对象的基本概念，使用过程中遇到的问题等方面具体进行讨论。

一个对象是现实世界中物理或概念的实体，它提供了我们对现实世界的理解，例如一辆汽车、一扇门、一个账户、一次交易等。再进一步说，一辆汽车，有着漂亮的外壳，而它的内部就像一个黑盒子，这就是封装；再例如机动车可以向下再次划分为轿车、卡车、面包车等，而这些划分的子类都具有父辈全部的特性，这就是继承；同样是轿车，从品牌方面又可以分为大众、别克、现代、吉利等，虽然同属轿车，但背后却有不同的对象，可以有着不同的发动机、不同的变速箱、不同的机动特点，这就是多态。

如图 2-2 所示，我们从微观角度出发，汽车的每个零件都是一个对象，于是我们可以发现内部的每个零件其实是个"近视"，它不知道也不清楚它所处的大环境，也不清楚它的工作会对整体产生多大的影响，每个零件唯一能确定的就是与它直接联系的其他零件，它们之间相互"依赖"，并通过一定的渠道保持沟通交流，即"耦合"。同时，每个零件又都有自己专属的特性，而且这些特性不允许其他对象访问，这就是属性。而其他对象只能通过它提供的一些固定接口访问，这就是"方法"。当然从图 2-2 也可以看出，某些零件，例如螺丝、螺帽等是可以通用的，这也体现了面向对象的另外一个重要特性：复用。

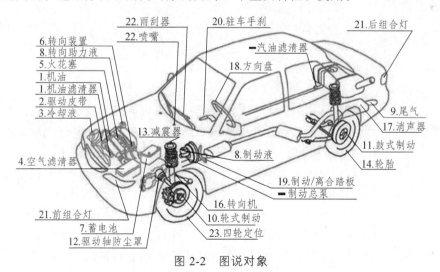

图 2-2　图说对象

还是汽车的示例，从另外一个角度来看，零件可以按照一定的规则组装成发动机，也可以按照另外的规则组装成变速箱。然后，还可以把这些部件再次组装成更大的东西，例如整部小汽车，当然，也可以是一辆挖掘机。这个例子说明了面向对象的另外一个非常重要的特性：抽象及其层次。抽象划分层次的优势就是无论在哪一个层次上，我们在做分析的时候只需要面对有限的复杂度和有限的对象结构，这样就可以专心于当前层次结构的对象及其运行过程；抽象划分层次还可以实现底层零部件的更换不会影响上层结构及其功能，正如发动机驱动皮带的更换并不会影响整车的驾驶。

总之，面向对象把世界看成相互独立的零散的小零件，这些对象本质上是独立的，既独立于过程，也独立于规则。当需要把世界联系起来的时候，对象才会依据某种规则组织起来，完成特定的功能。我们的方法论主要以面向对象为主，但是现实世界如何与对象世界关联起来呢？使用统一建模语言 UML，准确地讲 UML 在一定程度上就是代表着面向对象分析设计的方法，所以，我们将在 2.2 节将方法论中应用到的 UML 元素给大家一一介绍。最后，我们用一个案例来判定一下，你是否已经将面向对象方法带入了日常工作中，或者说你的分析习惯是否已经面向对象了？

案例&知识：

如果你的分析习惯是在调研需求时最先弄清楚有多少个业务流程，先画出业务流程图，然后顺藤摸瓜，找出业务流程中每一步骤的参与部门或岗位，弄清楚在这一步参与者所做的事情和填写的表单数据，并关心他们是如何把这份表单传给到下一个环节的。那么很不幸，你还在做面向过程的事情。

如果你的分析习惯是在调研需求时最先弄清楚有多少部门，有多少岗位，然后找到每一个岗位的业务代表，问他们类似这样的问题：你平时都做什么？这件事是谁交办的？做完了你需要通知或传达给谁吗？做这件事情你都需要填写什么表格吗？……那么，恭喜你，你已经学会面向对象方法了！

2.1.3　面向过程分析

我们一直在说面向对象的优势，那么是不是就意味着面向过程就一无是处，答案是否定的，要不然面向过程也不可能在软件行业叱咤风云这么多年，只是面对行业和应用环境的不断变化，我们需要做出相应的选择。我们在使用的时候也应该是剪裁使用，使方法或工具能够很好地为我们的建模过程服务。面向过程方法认为我们的世界是由一个个相互关联的小系统组成，就如 DNA，整个人体就是由这样的小系统依据严密的逻辑组成的。

如果我们要分析这个世界，并用计算机来模拟它，就要找准系统的入口，然后顺藤摸瓜，分析出每一步以及影响这一步的其他因素，直至达到过程的终点，我们就能够定义这个系统，这是一种最为朴实、基础的方法，即面向过程分析一直提倡的自顶向下，逐层分解的原则。在实际应用过程中，面向过程的分析主要被归纳为结构化程序设计、DFD 图、ER 模型、UC

矩阵等，即面向数据建模和面向数据流建模，主要的组成元素及关系可参考图 2-3 所示。

图 2-3　面向过程分析组成

　　面向过程分析在面对的业务不是那么复杂，业务层次不是那么多的时候，还是很有用的，特别是面向数据流的建模，能够从数据的角度将业务流进行构建，充分从问题的数据域和功能域说明了系统的建模过程。

　　我们分析了面向过程的应用场景、使用方法、主要元素及其关系，在方法论中我们不会全盘接受，也不会全盘否定，根据实际建模过程的需要，我们会自然选择某些元素来完善或补充方法论中面向对象建模过程的不足。

2.1.4　快速而不完美的建模

　　快速而不完美的建模在我们的方法论中作为一种贯彻思想，通过快速为过程建模来理解当前的工作，并与客户达成一致意见。绝大多数客户很赞成并适应这种模型的动态特性，因为这种方式可以让客户提前看到业务最终执行的大致情况。

　　快速而不完美的过程模型模拟了当前的情况，当然也可以对将来的过程建模。在方法论的实施中，主要使用白板、原型工具（这里推荐使用 mockplus），方法论的承载工具也都基于这两项工具的开发。

　　白板建模针对过程中的每个活动，建立过程模型。你可以将任何内容，任何对象画在白板上，然后将它们画线连接，你的办公室或者会议室墙壁可以采用白板涂料，如图 2-4 所示，或白板挂板，以便随时满足你的想法。

　　使用白板对业务过程建模，一个明显的优势就是方便擦除，便于讨论和修改调整，方便RA 人员（参见附录 C）和客户共同参与建模过程。例如，一个活动连线不对，可以很快擦除或使用另外一种颜色标注或代替；如果位置不对，那就重新画一个。其实当 RA 和客户在进行业务碰撞的时候，发现有些业务是可以简化的，或者发现有些业务之间改条连线会更加高效。这些都有益于我们寻找系统的本质并对工作方式的优化产生影响。

　　白板对于我们快速地理解业务提供了便捷且有效的途径，原型工具则在一定程度上深入了低层次的细节，从而能够更加有效地锁定需求。使用原型工具的基本思路是用草图或原型勾画建立的项目（或产品），然后逆向工程，印证需求或导出需求。特别针对下列情况，这是更加有效的方法。

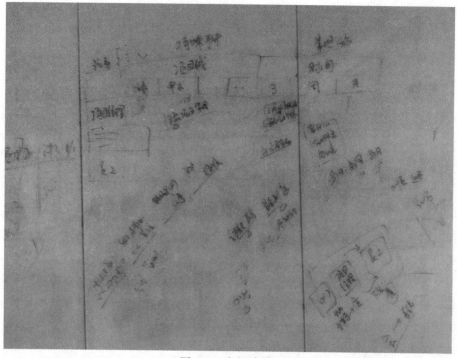

图 2-4　白板建模

（1）项目（或产品）以前不存在，很难想象。

（2）项目（或产品）的用户对这种项目（或产品）或建议的技术没有经验。

（3）客户之前做了一段时间的工作，但卡住了。

（4）客户很难说出他们的需求。

（5）RA 很难理解需求是什么。

（6）项目（或产品）的可行性存在疑问。

在收集需求时，如果让客户想象，他们需要将来的项目（或产品）做什么。其结果往往受限于客户的想象力和经验，以及他们描述目前不存在的事物的能力。

与之相对的是，原型为客户提供了一些真实的东西，或者至少是可查看的信息。原型让客户感到项目（或产品）足够真实，从而提出其他可能遗漏的需求。在一定程度上我们可以说"原型就是需求诱饵"：当客户看到原型所展示的功能时，他们会想到一些其他需求。当然，原型也可以用于演示需求的后果。在项目中我们不可避免地会遇到一些特殊的需求，它们只有唯一的一个提请者，他可能会说没有了这项需求工作就无法顺利开展，但是又没有合理的依据和支撑，无法有效地判定他的需求是一个使产品更好的想法，抑或只是完成一件不必做的事情的复杂方法？原型就可以弄清楚，所以对难以彻底了解的需求构建了一个原型后，这些需求就可以变得可见，也使得每个人都有机会去理解它们，讨论它们，然后决定它们是否有价值，是否应该留在最终的项目（或产品）中。可能的原型界面如图 2-5 所示。

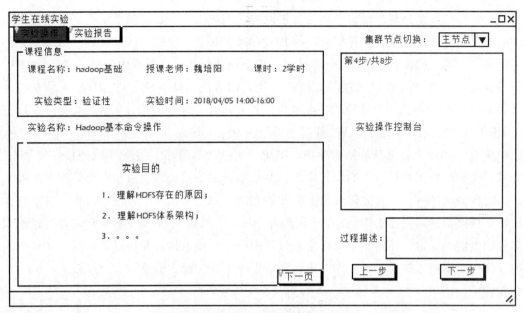

图 2-5 原型界面

简单来说，你将项目（或产品）的原型（可能是几种可选模型）展示给客户来看，并询问他们，使用像这个原型的项目（或产品）是否能完成他们的工作。如果回答是"是"，那么就可以确定该原型版本所展示的需求；如果回答是"否"，那么就应该根据客户的建议和你的分析更改原型后再询问。通过原型你可以展示客户的工作，检验其是否合理地展示了关键的建议或要求，从而明确他们对自己工作的看法是否与你一致。而且，从这些观点上不同的要求你可以发现，你所面对的客户在工作中最看重哪些方面，他们如何看待自己的工作。而且对于即将要做出较大创新或调整的业务部分，你要进行适当的引导，让他们在一定程度上能够比较快地适应新的工作方式，这对于很多 RA 来讲不是一件容易的事情，但这是我们与用户世界有真实联系的首次接触，对于接下来的工作影响深远。

2.2　统一建模过程与 UML

在 2.1 节我们讨论了在方法论中要用到的各种分析方法，从宏观层面或概念层面讲述了方法论的实施需要大家首先具备的知识或理念，但在微观或执行层面还有更为具体的工具去承载方法论的落实。作为以面向对象建模过程为主的需求工程建模过程方法论，UML（Unifed Modeling Language，统一建模语言）天然地成为了建模过程实施的工具，本章节就将其概念和使用到的核心元素做一一介绍。

2.2.1　绕不过的 RUP

要讨论 UML，那么我们就不能不提 RUP（Rational Unified Process，统一过程）。立交桥再宏伟，再漂亮，都是基于建筑学理论来建设的，RUP 与 UML 的关系正类似于建筑学与立交桥的关系。但是相信很多读者都会觉得 RUP 和 UML 是一样的，其实 RUP 和 UML 是不同的两个领域。简单的说，UML 是一种语言，用来描述软件生产过程中产生的文档，RUP 则是指导如何产生这些文档以及这些文档讲述什么的方法。从本质上讲 RUP 不是专门针对UML，它是一个采用面向对象思想，在软件工程领域指导建模的最佳实践，但是 UML 仍然是对 RUP 的承载或落实最为全面，同时也是最为复杂的体现。

RUP 是一个庞大且复杂的知识体系，RUP 归纳和总结了软件工程领域的很多实践方法，主要采用 UML 作为软件分析的设计语言，并且结合了项目管理、质量保证等许多软件工程知识，综合而成的一个非常完整和庞大的软件方法。如图 2-6 所示，统一过程定义了软件开发过程中最重要的阶段和工作（四个阶段和九个核心工作流），定义了参与软件开发过程的各种角色和他们的职责，还定义了软件生产过程中产生的成果物，并提供了模板。并且，演进式的软件生命周期（迭代）将工作、角色和成果物串在一起，形成了统一过程。

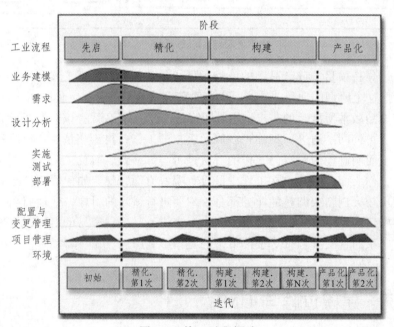

图 2-6 统一过程概述

从图 2-6 可以看到，统一过程将软件生产分为四个阶段和九个核心工作流，每个工作流在不同的阶段有不同的工作量比重，这些权值比重的安排都来自实际项目的统计数据。每个阶段会涉及到哪几个工作流？我们可以在迭代计划中清楚地看到。一个软件从初始到产品推出要经历多次演进，每一个演进会有一个迭代计划来描述本次演进的阶段性小目标、经历的主要工作流等。统一过程对每个工作流都规定了标准的流程、参与角色和对应的模板，而在迭代计划里可以依据项目实际情况对这些流程、角色和模板等进行剪裁使用，不必全盘接受。

RUP 几乎囊括了软件开发生产过程所需要知识的各个方面，也是当前最为重量级的软件方法。RUP 是一种追求稳定的软件方法，它追求开发稳定架构，控制变更，立足于长期战略，更加适用于大中型软件产品的开发，也是一种需要投入较大成本的选择。那么，为何大家要投入那么多成本来实施统一过程呢？

首先是出于提高软件成熟度的需求。在 CMM（能力成熟度模型）中其实只规定了每个成熟度等级的评估标准，但是并未提出达到标准的具体可量化的指标。因此，更多的企业在权衡符合自身的软件过程和采用统一过程标准之间就更加偏向于 RUP 了。

其次，出于提高软件技术水平和质量的需要。大家清楚地知道，一个好的软件产品，必须保证需求、分析、设计、质量等工作。RUP 集成了面向对象、UML 语言、核心工作流、工件模板和过程指导等内容，使得软件生产过程能够利用这些成熟的指导来提高组织内整体软件认识和开发人员的软件素养，从而也为企业提高软件生产的技术水平和质量打下良好的基础。

再次，RUP 适合稳定架构的开发工作。它能够通过演进来逐步推进软件产品，这一特点使它特别适合长期战略的软件产品研发。例如，某家公司一直深耕于某个行业，不断地对行业经验进行积累，不断地对项目进行总结，不断地深入行业内部，从而实现对整个行业的业务能够提出一整套的解决方案。

总之，RUP 的复杂性和当前软件项目的复杂性促使人们一直期望软件开发能够像工业产品的生产一样能够有标准化的零部件，然后按照规则组装成需要的产品，希望能够用较少的投入完成软件项目的推进。随着当前面向对象的发展，以及方法论的标准化，基于架构、构件化的软件开发模式逐步得到承认并流行起来，这也表明软件的"流水线加工中心化"发展正在取得重大进步。但是，构件一方面不像工业零件有着较为明确的定义标准，另一方面构件间的通信和组装也缺乏公认、权威和统一的规则。因此，要真正达到构件化、组件化的软件开发还有较长的征程需要继续探索……而 RUP 的过程类实践，为这个方向的推进和发展提供了一些最佳实践，包括用例驱动、架构导向和构件化等。而且，RUP 不仅在软件过程的技术方面进行了有益的探索，在项目管理、质量管理、配置管理以及人员角色等方面也有所涉及。所以，了解 RUP 可以更加清楚地理解软件本质，对于软件人员提升软件"智商"似乎也有着意外之功。图 2-7 展示了 RUP 体系的主要组成。

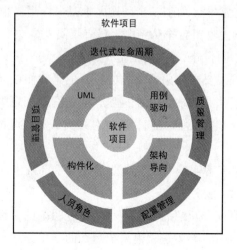

图 2-7　RUP 主要知识体系

RUP 有着一堆专业词汇，繁多的模板等，我们就不对它做过多介绍，但是 RUP 指导本书方法论的调研过程，本书中所讲述的用 UML 来分析和设计的方法都源于统一过程。因此，大家阅读本书的过程就是一次统一过程经历，大家认真阅读完本书后就应该可以掌握最基本的统一过程方法，尤其是在方法论的理解和应用方面。那么，在我们了解了 RUP 之后，方法论中用到的 UML 核心元素就是需要大家关注的重点。

2.2.2 方法论中 UML 元素

UML 作为方法论实施建模过程用到的主要建模元素，本节将对使用到的核心元素的基本概念和使用方法进行详细介绍，对使用到的一些重要元素会进行较为深入的讨论。这些是本书编写人员的经验总结，对于理解讲解的元素会起到一定引导作用，但未必能够与各位读者达到全部的切合。当然，主要的建模元素大家不一定一次就能认识清楚，理解明白，本节也作为基础知识参考，在实际的建模过程中，可随时翻阅温习和巩固，真正理解使用到的 UML 元素的基本概念和使用方法。

1. 参与者

UML 建模以人为本。因此参与者（actor）在建模过程中处于核心地位。UML 官方文档对参与者的定义为：actor，是指在系统之外与系统交互的某人或某事物，它以某种方式参与了业务的执行过程。参与者不是特指人，而是指系统以外的，在使用系统或与系统交互中所扮演的角色。因此参与者可以是人，可以是事物，也可以是定时器或其他第三方系统等。还有一点需要注意的是，参与者不是指人或事物本身，而是表示人或事物在系统中所扮演的角色。而且，系统之外的定义说明在参与者和系统之间有一个明确的边界，而参与者只可能位于边界外，边界之内的所有人和事物都不是参与者。一谈到参与者，读者必须想到系统边界的存在，否则，参与者的身份就是可疑的。

在实际的工作中，RA 常常会面临一个问题，谁是参与者？例如这样一个场景：小明去超市购物，选购好物品后就去收银台排队结账，超市收银人员一一清点物品，并扫描二维码，收银系统计算物品总价，小明付账，拿物品离开。在这个场景中，谁是参与者？我们对照定义，要弄明白谁是参与者首先要弄明白系统的边界。但是我们该如何确定系统边界呢？这里我们就可以应用 5W2H 分析法来解决这几个问题，通过两个问题引导来确定系统的边界，既然是找人，那么就紧紧围绕着 Who 来提问，通过对相关人员问题的回答，帮助找出参与者从而确定边界。

（1）谁（Who）对系统有着明确的目标和要求并且主动发出动作？

（2）系统是为谁（Who）服务的？

显然在这个场景中，第一个问题的答案是小明有着明确的目标：购物，并且主动发出了结账的请求动作。第二个问题的答案是收银系统运行的结果是给小明提供了结账的服务。小明是明确的参与者，而收银员都不满足条件，在小明没有主动发出结账动作以前，收银员不会做事情，他们都是被动参与到结账过程中的，所以他们不是参与者。同时，由于确定了小明是参与者，相应地也就明确了系统边界，包括收银员在内的其他事物就自然而然地属于在系统边界以内。

在上面的案例中我们确定了小明是参与者，但收银员明明也参与了结账的过程，该怎么算呢？在方法论中我们把收银员这类由于被动"参与"了业务流程的人员称为业务工人（business worker），而与之对应的主动发起或主导业务流程的小明们就被称为业务主角（business actor）。其实 actor 翻译为"主角"似乎更符合其含义，更加能够明确地表明其主动性和主导性。

关于参与者，前面也提到不一定是人，也可能是其他事物。与后面的用例结合起来，这里需要说明几个原则：不存在没有参与者的用例；用例不应该自动启动，也不应该主动启动另一个用例。这说明没有人参与的需求中一定有别的事物发出启动的动作，我们应当找到这个事物，这个事物就是一个参与者。它可能是一个计时器、一个计算机系统或者一个传感器。总之，任何需求都必须至少有一个启动者，如果找不到启动者，那么可以肯定地说这不是一个功能性需求。

案例&知识：

假如有这样一个需求，客户提出要建立很友好的系统界面，在每个页面上都要有操作提示。这个客户需求就找不到启动者，我们可以肯定它不是一个功能性需求。那它是什么呢？实际上它是补充规约中的一个要求，具体说是系统可用性的一个具体要求，是系统非功能性需求的一部分。

假如另外又有一个需求：每天自动统计网页访问量，生成统计报表，并发送至管理员信箱。这个需求的参与者是谁？一个计时器，它每天在某一个固定的时刻启动这个需求。

我们在详细了解了参与者的概念之后就要考虑在实际建模过程中该如何发现参与者，有哪些原则可以帮助我们更好地找到参与者呢？接下来我们就来进行讨论。

根据我们的经验，参与者的来源主要有以下两种情况：涉众（stakeholder，通常译为利益相关者，在需求建模方法论中有更具体的介绍）和岗位职责。在寻找参与者的过程中遵照的原则就是：参与者一定是直接并且主动地向系统发出动作并获得反馈，否则就不认定其为参与者，我们可以通过下面的案例来仔细体会。

案例&知识：

假如我们考虑一个电信收费系统，并分析以下几种情况：

情况一：缴费客户通过电信手机客户端直接缴费，那么明显缴费客户就是参与者。

情况二：缴费客户通过到营业大厅，由柜员人工座席操作收费系统缴纳费用，那么柜员才是真正的参与者（注意：系统边界是电信收费系统），而缴费客户实际上是营业大厅的参与者。

情况三：如果缴费客户通过第三方手机客户端（例如：微信、支付宝等）缴费，那么手机客户端就成为电信收费系统的一个参与者。这是典型的非人参与者例子。

情况四：如果扩大边界，其他手机客户端和营业厅柜员属于电信收费系统最终实现缴费形式不同方式的具体体现，全部作为电信收费系统的子系统包括在内，只是缴费客户在缴费的时候可以选择电信客户端、可以选择柜员或者可以选择其他手机客户端，只是方式不同而已，但都同属于电信收费系统的边界，那么缴费客户就是参与者，其中柜员就变成了业务工人。

具体执行过程中可以通过试着寻找以下问题的答案帮助我们确定参与者：

（1）谁将使用系统的主要功能？

（2）谁需要系统的支持以完成其日常工作任务？

（3）谁负责维护、管理并保持系统正常运行？

（4）系统需要处理哪些外部资源？

（5）系统需要和哪些外部系统交互？

（6）系统运行产生的结果谁比较感兴趣？

下面通过一个具体案例"图书管理系统"的需求内容，对照上面的问题，我们来一起找出其参与者。

在图书管理系统中，图书管理员要为每个读者建立借阅账号，用于记录读者的个人基本信息和图书的借阅信息；读者的账号信息建立成功后，给读者发借阅证，这时读者就可以凭借该借阅证进行图书的借阅，或是通过网络进行图书信息的查询和检索。

读者在借阅图书时，需要出示借阅证，输入借阅证号，验证借阅证的有效性及是否可续借。无效则向读者提示原因，如"卡号不对""已借满，不能续借"等；有效则显示读者的基本信息，如读者的个人资料以及借阅图书的历史信息等。读者提出借阅申请后，管理员对借阅的图书进行登记。

相应的，当读者归还图书时，也需要对借阅证进行有效性身份验证，如果不对，给读者相应提示；验证通过后，显示读者的基本信息和借阅图书信息等。读者向管理员归还图书，管理员验证无误后，更改该书的状态为"已归还"。如果超期，则需要读者缴纳一定滞纳金后才能归还。

此外，当涉及图书信息变更时，例如，新增图书信息或图书毁坏程度很大不能使用需要报损时，图书管理员就需要将图书进行入库或注销处理。同理，当有新增的借阅者或是要注销借阅者信息时也要做相应的处理。

根据这样简单的需求描述，通过回答上面的几个问题，找出参与者，如表2-2所示。

表 2-2　找出参与者

问题	回答
谁将使用系统的主要功能？	图书管理员和借阅者（读者）
谁需要系统的支持以完成其日常工作任务？	图书管理员
谁负责维护、管理并保持系统正常运行？	图书管理员
系统需要处理哪些外部资源？	无
系统需要和哪些外部系统交互？	无
系统运行产生的结果谁比较感兴趣？	图书管理员和借阅者（读者）

经过以上介绍和讨论，相信大家对参与者的概念以及如何发现参与者有了一定的认识，特别是为了区分参与者，我们使用了业务主角和业务工人的概念，在方法论中也将使用这样的说法。那么为了更加清晰的说明业务主角和业务工人，我们就通过一些说明和引导问题，提供给各位读者用以判断。

业务主角（business actor）是参与者的一种表现形式，在需求阶段使用，用于定义业务的参与者。因此业务主角必须遵守参与者的所有定义。

业务主角针对的是业务人员而非计算机用户（计算机用户，也称系统用户），是在进行业务建模的阶段使用的主要概念。在查找业务主角时依据的是客观现实的业务状况，有没有计算机系统都是这样运行的一种情形，因为要建设一个符合客户需要的计算机系统，前提条件是完全地搞清楚客户现在的业务现状，而不是相反。但是作为 RA 人员，很多都是从开发一线而来，基于惯性思维，总是开口闭口谈这个功能要不要，那个业务可以用树状结构实现，这里可以使用一个定时器来取数据，那里可以设计一个中间表做关联等等。而客户基于对你专业的认可，在他其实还不怎么清楚你到底讲了什么的时候，在清醒与迟疑中可能就把需求和你确定了，他当时回答可能确实是：是，就是这样的。但是待系统开发完成后，客户可能斩钉截铁地说：这不是我想要的。

毕竟 RA 人员不是业务专家，在听取客户讲解的时候，难免加入了自己的主观判断。所以在初始需求阶段，一定要使用业务主角，牢记主要的任务是弄清楚业务现状，这里没有计算机系统，没有系统用户，只有客观现实运行的业务。这里我们可以通过以下问题的引导，来获取主要的业务主角信息：

（1）业务主角的名称是否是客户的业务术语？

（2）业务主角的职责是否在客户的岗位手册里有对应的定义？

（3）业务主角的业务用例是否都是客户的业务术语？

（4）客户是否对业务主角能顺利理解？

业务工人（business worker）的工作就是协助业务主角完成业务目标，我们不需要为业务工人建模，他们只会在某个或某些业务主角的业务模型中出现。虽然业务工人不被建立业务模型，但是他们却是业务模型的重要组成部分，特别是业务工人是业务情景视图的重要组成部分，没有他们的参与，就无法完整地表达业务过程，也就无法有效传达系统的建模过程。在实际业务中如何有效区分参与者到底是否是业务工人，核心原则还是看是否处于系统边界之内，虽然参与了业务的执行过程，但是因为处于系统边界内，他就不再是参与者，而应当被称为业务工人。如果暂时无法有效确定边界，可通过以下几个问题区分：

（1）能否或是否有主观意愿主动启动业务？

（2）是否有完整的业务目标？

（3）系统是为他服务的吗？

如果这三个问题的答案是否定的，那一定是业务工人。我们还是以营业大厅的柜员人工座席的案例来说，柜员只有在有客户主动来缴费的情况下，才会去操作电信收费系统，因此他是被动参与整个过程的；缴费的目的是让手机免于停机，但柜员只负责缴费，给哪部手机缴费，让哪部手机免于停机与他没有直接关系，因此他也没有完整的业务目标；整个电费收费系统是为客户服务，而不是为柜员服务的。通过分析，我们可以很清晰地看出，柜员人工座席是被动参与的业务工人。

经过前面的讨论，我们明确了参与者，知道如何寻找参与者，如何区分业务主角和业务工人等，但是发现参与者后，如何保证其正确性呢？其实 RUP 已经想到了这一点，在 RUP 的官方文档里有一系列的问题，这里就将官方文档中的信息罗列出来，作为检查点列表，大家可以通过回答列表中的问题来核实参与者是否正确。

（1）是否已经对系统环境中的所有角色都进行了说明和建模？虽然你应该检查了这点，但是在找到并说明所有用例之后才能确定。

（2）每个参与者是否至少涉及到一个用例？应当删除用例中未使用到的或者与用例无关联无通信的参与者。

（3）能否列出至少两名可以作为特定参与者的人员？如果不能，请检查参与者所建模的角色是否为另一角色的一部分。如果是，你应该将该参与者与另一参与者合并。

（4）是否有参与者担任与系统相关的相似角色？如果有，你应该将他们合并到一个参与者中。

（5）是否有两个参与者担任与用例相关的同一角色？如果有，你应该利用参与者泛化关系来为他们的共享行为建立模型。

（6）特定的参与者是否将以几种完全不同的方式使用系统？如果是，你也许应该有多个参与者。

（7）参与者是否有直观名称和描述性名称？用户和客户是否都能理解这些名称？参与者的名称应当与其角色相符，否则，对其进行更改。

2. 用 例

参与者与用例（use case）一起使用才有意义，用例也必须与参与者一起才能体现其含义，所以，在 UML 建模中用例是最重要的一个元素，也是不得不说的元素。之所以说它重要，是因为 UML 建模是面向对象的，除用例之外，所有其他元素都是"封装"、"独立"的点，正是用例将这些"孤立"的元素连接起来，使其变得有意义。

官方文档对用例是这样定义的：用例定义了一组用例实例，其中每个实例都是系统所执行的一系列操作，这些操作生成特定主角可以观测的值。一个完整的用例定义由参与者、前置条件、场景和后置条件构成，可参考图 2-8 所示。换一个说法，一个用例就是与参与者交互的，并且给参与者提供可观测的有意义的结果的一系列活动的集合。这个说法应当更清楚一些。所谓的用例就是一件事情，要完成这件事情，需要做一系列的活动；而做一件事情可以有很多不同的办法和步骤，也可能会遇到各种各样的意外情况，因此这件事情是由很多不同情况的集合构成的，在 UML 中称之为用例场景。一个场景就是一个用例的实例。

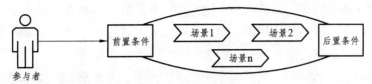

图 2-8　用例的构成

例如，你想骑一辆共享单车，你需要完成共享单车 APP 扫车和骑车两件事情，这两件事情对应两个用例，而扫车可有多种不同的选择，比如用 ofo 扫车、mobike 扫车等方式，这对应多个不同的场景，也就是多个实例。

要想启动"共享单车 APP 扫车"用例是有条件的，要扫车，首先手机上得有相应的 APP 并注册。这是启动用例的前提，也称为前置条件。用例执行完了，产生一个结果，就是密码锁打开了，你可以骑车了。这称为后置条件。

用例就是参与者希望通过系统达到的愿望。一个系统的功能是由一些对系统有愿望的参与者要做的一些事构成的，事情完成后就达成了参与者的一个愿望，当全部参与者的所有愿望都能够通过用例来表达，那么这个系统就被确定下来了。用例的作用就是捕捉功能性需求。

以上我们讨论了用例的定义及基本组成，但是对于用例的特征、粒度以及如何获取用例等还没有了解。接下来我们就从大家在方法论中能够使用的角度来对用例做一些探讨。

首先，我们先来了解下用例的特征，这些特征既是我们判定用例是否准确的依据，又是需求建模过程中功能性需求获取是否正确的判定标准。

用例是相对独立的。这意味着它不需要与其他用例交互而独自完成参与者的目的。也就是说用例在"功能"上是完备的。用例本质体现了系统参与者的愿望。不能完整实现参与者愿望的不能称为用例。例如：寄信是一个完整的用例，而填写信封或买邮票却不是。因为完整的目的是寄信，没有人会为了填写信封而专门跑一趟邮局。

用例的执行结果对参与者来说是可观测的和有意义的。例如：有一个后台进程监控参与者在系统里的操作，并在参与者删除数据之前备份数据。虽然它是系统的一个必需组成部分，但它在需求阶段不应该作为用例出现。因为这是一个后台进程，对参与者来说是不可观测的。又如登录系统是一个用例，但是输入密码却不是。单纯的输入密码是没有意义的。

用例必须由参与者发起。不存在没有参与者的用例，用例不应该自动启动，也不应该主动启动另一个用例。例如：使用手机拨打电话是一个有效的用例，手机自动拨号却不是，如果手机无缘无故自动拨号，那我们就该怀疑手机是否中病毒了。

用例必然是以动宾短语形式出现的。用例必须有一个动作与动作的受体。例如，喝水是一个用例，而"喝"与"水"却不是一个有效的用例。

一个用例就是一个需求单元、分析单元、设计单元、开发单元、测试单元、甚至部署单元。用例是功能性演化的基础，需求是后续所有研发活动的源头和依据。

其次，需要掌握用例粒度。这是说起来容易，做起来比较困难的一件事情。这也是一些初学者最容易犯错，或者把握不准的地方。例如：登录系统、输入用户名、输入密码、验证账号合法性等都可能是用例，而且很多人就是这样划分的，但是我们稍微分析一下就知道，登录系统其实是包括后续的几个用例，登录系统的粒度要更大一些，其他几个要小一些。但是一个用例的粒度到底如何划分呢？有没有一些普遍适用的原则呢？

在业务建模阶段，用例的粒度以每个用例能够说明一件完整的事情为宜，即一个用例可以描述一项完整的业务流程，这对我们明确需求范围也是有帮助的，例如：上课。在反映业务建模动态执行的业务情景中，活动图中的每个活动则可以依据每个用例描述业务中的一个步骤，以完整描述一个事件流作为判定的原则，例如：收集排课信息。

在系统建模阶段，建模的视角是站在计算机执行角度的，因此用例的粒度可以是用户与计算机的一次完整交互。具体可实例化为一个页面，一个功能及其后续的判定逻辑、业务处理逻辑和与数据库的持久化操作等，例如：录入排课约束条件。

用例粒度以是否真正完成了参与者的某个完整目的为依据。例如：寄信，某个人去邮局，买了信封、买了邮票、填写了地址、粘贴了邮票、密封并交给邮局工作人员，后面的这些步骤都是为寄信这个目标服务，因此寄信是个有效的用例，但是如果这个人是集邮爱好者，他就是去买邮局买邮票，那么买邮票就是有效用例。所以，我们也要从业务的具体目标上分析用例该如何划分。

用例特别是业务用例，并非越多越好，也不是越少越好。越多表明业务调研的粒度过细，关于细节过多；越少则表明需求调研不够仔细，模糊性太多。所以一个项目的用例数量需要把握，大致掌握在 10-50 个之间为宜。

在有了上述知识后，接下来就可以考虑如何获取用例了。但是在准备发现用例之前，先要确认你已经牢记这几个原则：参与者是位于系统边界外的；参与者对系统有着明确的期望和明确的回报要求；参与者的期望和回报要求在系统边界之内。接下来，在上述原则的支持下，我们还是通过问题引导，逐步了解业务，深入业务，再来总结分析，获得用例。

（1）您对系统有什么期望？

（2）您打算在这个系统里做些什么事情？

（3）您做这件事的目的是什么？

（4）您做完这件事希望有一个什么样的结果？

通过对以上的问题的回答，RA 对于业务用例的获取已经足够，但是需要注意的是，在获取业务用例的阶段，尽量不要涉及业务细节，不用关心流程的总体运转等，当然 RA 人员也要避免自己陷入想用计算机实现角度去理解和说明业务。作为 RA 人员，最好的就是倾听，让客户谈自己的本职工作，适当将深入细节或者已经转到与业务无关的话题的客户上拉回正题即可。接下来 RA 人员的工作就是总结客户谈及的信息，做好分析提炼工作，从纷繁复杂的谈话中找出他的真实目标、真实想法，把握好调研的方向，避免被客户的谈话牵着走，要能够分析出他做这件事情的具体目标，而不是单单就他做事情的步骤浅尝辄止。因此，关于调研的用例要确保：一个明确有效的目标才是一个用例的来源；一个真实的目标应当完备地表达主角的期望；一个有效的目标应当在系统边界内，由主角发起，并具有明确的后果。

当然调研也不是一蹴而就的，可能需要多次的接触，逐渐了解和梳理客户业务。如果开始时采集到的信息并不足以得出用例，或者已经获得了用例，但在用这些用例来建立业务模型的时候总是遇到困难和矛盾，发现有些业务总是说不清楚，那么应当考虑重新进行调研。在重新开始之前，作为 RA 应该考虑或调整以下策略：调整系统边界和主角；扩大或缩小系统边界；变更主角。

经过若干轮调研讨论，相信大家都有客户的诸多期望，RA 在这里需要做的是：找出冗余过程的真实目标；删除一些不切实际的想法；将确定的有效用例量化出来；合并或拆分不同客户关于业务的表达等。然后，经过仔细分析总结后形成有效用例结果集，并给获取的用例起一个专业的名字。

在用例的最后部分需要给大家介绍，结合我们的方法论的使用，用例在建模的不同阶段又可以划分为业务用例和系统用例。

其中，业务用例（business use case）专门用于业务建模，也就是针对现在客户的实际业务来建模型，与计算机系统无关。如果说用例是用来获取功能性需求，那么可以说业务用例用来获取功能性业务。之所以不把计算机引入进来，是因为业务范围不等于系统范围，不是所有的业务都能够用计算机来实现。

通常我们所说的用例，很多时候就是指系统用例，也可以简称：用例。系统用例用来定义系统范围、获取功能性需求。换句话说，系统用例是软件系统开发的全部范围，系统用例是就最终的软件需求。如果说业务用例是客户业务视角的话，那么系统用例将采用系统视角（或计算机视角）来看问题了。

3. 关　　系

用例除了与参与者存在关联关系之外，用例之间也存在着一定的关系，如包含关系、扩展关系、泛化关系等。

（1）关联关系（association）。

联关系是最基本、最朴素的一种关系，通常关用一条直线表示，如 A—B。它描述不同类的对象之间的结构关系，它在一段时间内将多个类的实例连接在一起。

我们可以使用关联关系表示一个对象了解其他对象，简单一点说，关联关系描述了某个对象在一段时间内一直"知道"另一个对象的存在。例如：A 对象保存了 B 对象的 ID，因此 A 对象"知道" B 对象的存在。

有时，对象必须相互引用才能实现交互，这时 A 和 B 互相"知道"。UML 中只使用关联关系的另一个变体，即单向关联关系，它用一条带箭头的直线来表示，如 A→B，说明 A "知道" B，而 B "不知道" A。

特别的，在用例模型中，单向关联关系用于连接参与者和用例，箭头由参与者指向用例，表示参与者 "知道"用例的存在。这也符合我们的认知逻辑和习惯。

（2）包含关系（include）。

包含关系指的是两个用例之间的关系，其中一个用例（称为基本用例，Base Use Case）的行为包含另一个用例（称为包含用例，Inclusion Use Case）的行为。也就是说基本用例会用到包含用例，表示基本用例中重用包含用例中的步骤。在 UML 中，一般使用带虚线箭头表示，并在线上标有<<include>>，如 $A\dashrightarrow B$。

在包含关系中，箭头方向是从基本用例到包含用例，也就是说，基本用例是依赖于包含用例的，即包含用例表示的是"必需"而不是"可选"，这意味着如果没有包含用例，基本用例是不完整的，同时如果没有基本用例，包含用例是不能单独存在的。包含用例如图 2-9 所示。

图 2-9　包含关系

在建模过程中一般基于以下情况使用包含用例：

从基本用例中分解行为：它对于了解基本用例的主要目的并不是必需的，只有它的结果才比较重要。例如：去银行办理业务，不论是取钱、转账还是修改密码，都需要核对账号和密码，因此可以将核对账号作为上述业务用例的共有行为提取出来，形成一个包含用例，同时，核对账号不能脱离取钱、转账等业务用例而单独存在，它的结果直接影响后续业务是否能够正常开展。

分解出两个或更多个用例所共有的行为。例如：图 2-9 所示案例。

（3）扩展关系（extend）。

扩展关系的基本含义与泛化关系类似。扩展关系是对基本用例的扩展，基本用例是一个完整的用例，即使没有子用例的参与，也可以构成一个完整的功能，一般使用 $A\xrightarrow{<<extend>>}B$ 表示。Extend 的基本用例中将存在一个扩展点，只有当扩展点被激活时，子用例才会被执行。在扩展关系中，对于扩展用例（Extension Use Case）有更多的规则限制，即基本用例必须声明若干"扩展点"（Extension Point），而扩展用例只能在这些扩展点上增加新的行为和含义。扩展关系是从扩展用例到基本用例的关系，它说明扩展用例定义的行为如何插入到基本用例定义的行为中。也就是说，扩展用例并不在基本用例中显示。扩展用例的实例如图 2-10 所示，在还书的过程中，只有在例外条件（读者遗失图书）的情况下，才会执行赔偿遗失图书的分支。

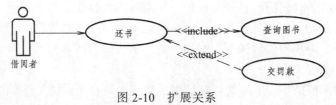

图 2-10　扩展关系

在建模过程中一般基于以下情况使用扩展用例：

表明用例的某一个部分是可选的系统行为，这样就可以将模型中的可选行为和必选行为分开。

表明只能在特定条件（如例外、异常条件）下执行的分支。

表明可能有一组行为段，其中的一个或多个段可以在基本用例的扩展点插入。插入的行为和插入的顺序取决于在执行基本用例时与主角进行的交互。

（4）泛化关系（generalization）。

泛化关系指的是一般与特殊的关系，当多个用例共同拥有一种类似的结构和行为时，可以将它们的共性抽象成为父用例，其他的用例作为泛化关系中的子用例。在泛化关系中，子用例是父用例的一种特殊形式，子用例继承了父用例所有的结构、行为和关系。泛化一般用一条带空心箭头的直线表示，如 A——▷B（A 继承自 B）。泛化关系可用于建模过程中的任意一个阶段，说明两个对象之间的继承关系。泛化关系的案例如图 2-11 所示。

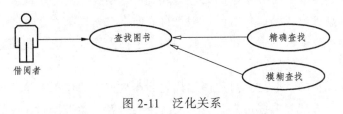

图 2-11　泛化关系

4. 边　界

边界在 UML 图中只是一个简单的矩形框，框内可以增加文字说明信息。经过对参与者和用例的学习，我们应该已经体会到参与者、用例和边界之间有着剪不断理还乱的关系，但是我们又必须把它梳理清楚。

边界本质上是面向对象方法中的一个重要概念，因为在面向对象的世界里，任何对象其实都应该有一个边界，外界也只能通过边界去认识这个对象。其实边界是非常难以掌握的，我们关于用例的粒度，业务目标和执行步骤的问题，都是因为边界不清晰造成的。但是边界又比较难以说明，所以这节我们就主要通过案例带领大家从中理解一下，然后在方法论执行过程中，还是要再来翻阅本章节内容，一直做到"万事皆有因，心中有边界"。

对于看得见摸得着的物体来说，边界其实很好理解。比如一本书，我们能清楚看到它的边界，例如书的封皮；对于无形的东西，它的边界也是无形的，例如系统边界，这就不好说明了。根据我们当前对需求建模的理解，可认为系统边界是需求的集合。但是调研的正常过程一般是需求晚于系统边界出现。这该如何是好？

所以在需求出来之前，我们必须先设想一个边界，然后在这个边界内寻找需求，通过参与者、用例以及边界的不断磨合、调整和变换，反过来再逐步细化和清晰化我们的边界，最终确定边界的范围。所以需求过程也是一个动态的调整过程，不可能一蹴而就，这也注定了我们的需求建模过程是一种螺旋式迭代上升的过程。

由上面的叙述可知，边界其实可大可小，特别是对于建模过程来讲，同样的需求交给不同的人，就会有不同的结果，而且你不能说明他们都是错误的，或者判定他们都是正确的。这是因为每个人对业务的理解不同，从而想出来的边界和其他人也不相同，而且由于粒度把握等问题，造成的情况也多种多样，这就有点像"盲人摸象"，都是对业务某个部分的理解，但又不是全局，当然这也为我们获取整体业务提供了方法。多个业务调研的结果进行相互的交叉和印证，总是会向真相更近一步。所以，如果大家对建模的结果有疑惑，那么请尝试改变边界的界定，重新梳理参与者和用例，再经过大家的论证，会得到更好的结果。

同样，我们在进行需求建模的时候，首先还是应该确定抽象层次，层次确定了，我们时刻记住这个层次，按照这个层次来设定边界和组织边界。比如我们要造一台计算机，它的零部件少说也有几百个，我们如何说清楚呢？那我们首先就设定边界是整台计算机，根据常识我们也是站在计算机外围，看到的是计算机的大小、颜色、外观等属性；接下来我们再进入计算机内部，应该看到的是主板、电源、CPU、风扇、内存条等；我们可以再往下抽象到主板内部，可能得到的是南桥芯片、北桥芯片、内存插槽、线路等这类东西了。这种分析方式是一种自顶向下，逐步缩小边界范围的处理方式，可以使我们的分析粒度有条不紊地逐步细化，平时我们用到这种方式是比较多的，但是自底向上在处理某些业务的时候也可能会显示出它的优势。当然不论哪种形式，只要在我们决定了抽象层次后能帮我们把握好边界，能够使系统分析起来得心应手就成功了。

总之，边界是虚构的，但是又对建模过程起到非常重要的作用，是一种灵魂性、指导性和原则性的依赖。能否准确把握边界，能否灵活变换边界，能否控制边界的粒度是做好需求分析的关键。因此，希望大家在实践中进行思考，促进自己对边界的认识和理解，而且在需求建模过程中时刻谨记边界一直在你身边。

2.2.3　方法论中的 UML 视图

UML 核心元素讲述了方法论中需要用到的一些关键概念，在业务建模以及系统建模阶段都有所涉及。接下来本节将重点介绍在方法论中用到的两大图形：用例图和活动图（泳道图）。接下来讨论这两种 UML 图形的组成以及在方法论中的应用情况。

1. 用例图

用例图展现了一组用例、参与者（actor）以及它们之间的关系，我们已经讨论过它的主要组成元素，相信大家对它们的使用不会存在很大的疑问。用例图从用户角度描述系统的静态使用情况，主要用于建立需求模型。用例图描述了用户希望如何使用一个系统，通过用例图可以知道谁将是系统的相关用户，他们希望系统提供什么样的服务，以及他们需要为系统提供什么样的服务。

用例图从用户的角度来描述对软件项目的需求，分析项目需要的功能和动态行为，对于用户来讲，用例图是他们业务领域的逻辑化表达。用例图在系统的整个分析、设计和开发阶段都非常重要，对于项目的建设单位而言，用例图是系统蓝图和开发的依据，它的正确与否直接影响客户对最终实现的软件满意度。用例图的主要作用如下：

（1）用来描述将要开发系统的功能需求和系统的使用场景。

（2）作为设计和开发过程的基础，促进各阶段开发工作的进展。

（3）可以通过不同的视角，验证和确认需求的完整性。

（4）在方法论的实施过程中，我们将用例图细化为业务用例图和系统用例图。

业务用例图就是使用业务主角和业务用例展示业务建模结果的静态视图。业务用例图可以展示业务领域的业务目标，将参与达成业务目标的业务主角和业务用例展现在业务用例图中。我们可以从实现业务目标，完成完整业务的角度出发，检查完成某项业务的所有业务主角和业务用例是否齐全，以此来检查是否有遗漏的业务用例。实际建模过程中，我们也可以根据实际业务需求从其他视角来进行业务用例视图的建设。例如可以用业务主角视角查看某个业务角色的业务是否完整；可以从文件的产生到归档或销毁的全过程中涉及的业务主角或业务用例视角；可以从某个关乎业务的重要实体的演化过程等。

系统用例图展示的是系统范围，站在计算机系统执行的角度来描述系统的静态场景，主要是对业务用例进行分析以后得到的结果进行展现。主要从业务情景的活动获取，反映业务用例的系统映射功能，也即反映了业务需求到系统需求的映射和拆分，保证了过程的可追溯性。当然，系统用例的实现视角，也可以参考业务用例，以具体方便反映业务用例的计算机系统化执行过程为目标，从不同的视角进行建设。

2. 活动图

活动图在需求建模过程中主要是对用例的动态执行过程进行描述，我们在讲述用例图的时候讨论过用例图是对业务或系统场景的静态描述。针对业务用例，活动图根据现实世界的业务情况，描述其执行的动态业务场景，展示业务执行的每个瞬间，也就是业务流程图；针对系统用例，活动图根据系统用例执行过程中涉及的角色和计算机执行涉及的业务对象，描述系统用例在计算机中的动态执行瞬间，也就是系统流程图。在建模过程中一般采用泳道的形式加入执行的角色，用以说明活动由谁执行，承担什么职责等。

活动图在建模过程中的作用主要有：

（1）描述一个操作执行过程中完成的工作（动作），这是活动图最常见的用途。

（2）描述对象内部的工作。

（3）显示如何执行一组相关的动作，以及这些动作如何影响它们周围的对象。

（4）显示用例的实例如何执行动作以及如何改变对象状态。

（5）说明一次业务流程中的人（参与者）和对象是如何工作的。

我们了解活动图的基本信息和作用后，为了使大家在后面的建模过程中真正能够应用，能够按照方法论的指导将用例中的场景描述清楚，有必要对组成活动图的基本元素做一下介绍。

起点：标记活动图的开始，一个活动图只有一个起点。在 UML 中一般使用圆点表示。

结束点：标记一个活动图的结束，一个活动图可以有一个或多个结束节点。在 UML 中一般使用带实体的圆环表示。

动作状态：对象的动作状态是活动图中最小单位的构造块，表示原子动作。动作状态有以下三个特性：原子性（不能被分解成更小的部分）；不可中断性（一旦开始就必须运行到结束）；瞬时性（占用的处理时间是极短的，甚至是可以被忽略的）。在 UML 中一般使用带圆端的矩形框表示。

活动状态：表示可以分割的动作，主要特点有：可以分解成其他活动或动作状态；能够被中断；占有有限的时间。所以活动状态可以理解为一个组合，它的控制流由其他子活动或动作状态组成。同动作状态类似，在 UML 中一般使用带圆端的矩形框表示。

转移：表示两个状态间的一种关系，表示对象将在当前状态中执行动作，并在某个特定事件发生或某个特定的条件满足时进入后续状态。在 UML 一般使用带箭头的直线表示，线上可以添加条件。

分支：用于描述某个条件的可选择路径。一个分支可以有一个、两个或多个输出，每条输出转移上都可以添加条件或表达式，当且仅当条件或表达式为真时，该路径才有效，才会被启用。在所有的输出中，其条件或表达式不能重复，而且要覆盖所有可能性。在 UML 中使用菱形表示分支。针对只有两个输出的判断，尽量采用"是否……"的语句，输出的分支判定线上统一使用"是"或"否"，可以保证流程中判定条件输出的统一性，避免出现诸如"审核（不）通过""有（无）效"等。

分叉和汇合：对象在运行时可能存在两个或多个并发运行的控制流，为了对并发的控制流建模，UML 引入了分叉与汇合的概念。分叉表示把一个单独的控制流分成两个或多个并发的控制流。一个分叉可以有一个进入转移和两个或多个输出转移，每一个转移都表示一个独立的控制流。汇合表示两个或多个并发控制流的同步发生，一个汇合可以有两个或多个进入转移和一个输出转移。分叉和汇合应该是平衡的。分叉和汇合在图形上都使用同步条来表达，在 UML 中一般使用一条粗水平线表示。

泳道：用以将活动划分为若干分组的元素，并为每一组指定负责活动的对象。每一组都可以表示一个特定的类、角色或部门等，他们负责完成组内的活动。使用泳道区分了负责活动的对象，它明确地表示了哪些活动是由哪些对象进行的，也明确表示了实际执行活动的对象。在 UML 中泳道一般用垂直实线来表示，垂直线分割出的区域就是泳道。在泳道的上方可以给出对象的名称或泳道名称。泳道没有顺序，不同泳道的活动既可以顺序进行也可以并发进行，各活动允许穿越分割线。

总之，活动图可以作为动态建模工具，强调从活动到活动的控制流，用于描述对象的过程或操作的步骤。

2.3 小 结

本章主要从方法论建模过程中应用到的分析思想和分析方式着手，讲解了在应用过程中可以从哪些方面，使用哪些方法进行需求模型的建设。接着从方法论建模过程中使用较多的 UML 出发，将需求建模工具建设中应用的主要 UML 视图从整体到局部逐一进行介绍和说明，同时将一些关键元素在方法论中的特殊用法和注意事项也通过案例等予以介绍说明。

3 需求建模方法论概述

经过需求工程知识的介绍，又了解了方法论需求建模的准备工作之后，相信大家已经对如何进行需求建模有些迫不及待了，到底我们该如何使用方法论，如何从业务逐步过渡到系统呢？本章就让我们从一家公司 OA 系统的薪酬管理模块入手，将需求建模的总体过程先睹为快，体验一番。我们已将需求建模过程配套方法论的建设，研发成为一套软件需求建模工具（以下简称：工具），所以我们以方法论为指导，以工具为载体，将薪酬管理的核心业务在工具上快速构建一遍。当然，在后续章节我们还会使用工具将薪酬管理模块通过阶段性建模，仔细引导各位读者进行分析和讨论。

3.1 案例项目说明

选取一个合适的案例还是很困难的。因为有些案例太小，比如一个论坛，无法串起更多的知识点；有点案例不够典型，比如制造执行，离散且复杂，难以体现出方法论建模的优势。在经过诸多考虑之后，还是希望能够选取一个满足这样条件的案例：能够尽可能多地将知识点串起来；具备比较普遍的代表性，不是大家比较陌生的领域；能够体现出建模过程方法论的优势；案例不至于太复杂也不能太简单等。基于以上这些条件，结合我们这些年做过的项目，最终选择了基于服务领域的薪酬管理案例。作为参加工作的各位读者，发工资的事情，大家还是比较关心的，也或多或少对于自己所处单位的财务系统、薪酬体系等有一定的了解，各单位各部门虽有不同，但总不至于差异过大，因此，对于理解该案例的建模过程大家都不至于过于陌生，也不会像图书馆管理系统那样熟悉。所以，这样的一个案例对于学习一种分析方法来说，是最为合适的。太多陌生的领域，专业名词术语都是我们理解建模的拦路虎，太过熟悉的知识领域则会受到固有思维定式的影响。

薪酬管理案例，其实是一家公司整体信息化建设中 OA 系统的子系统，或者叫子模块（以下简称：模块）。该模块未纳入建设之前，该公司的人员薪酬都是电子表格 Excel 手动计算，手动汇总信息，因此导致信息效率低下，同时出现了若干次遗漏及混淆错误，公司并为此付出了一定成本。正是基于此原因，公司决定实施开发本模块，期望实现公司员工薪酬管理的信息化。因为薪酬管理又牵涉到考勤、员工定岗定薪等，公司高层同时也希望借此机会推动公司内部管理的规范化。我们就基于此背景，逐步展开对此模块的建模工作，当然在本章我们将主要关注薪酬管理的核心业务，其他部分将在后续章节依次展开。

3.2 分析业务目标

定义和分析业务目标是为了尽快梳理清楚业务范围（业务范围与系统范围区别可参考本节案例&知识），也是对要建设的系统的展望。客户既然要立项准备开发一个软件系统，一定对这个系统有着明确的期望，当然他（们）不一定能够给出显式的、清晰的目标，这就需要RA人员通过一定的方式方法获得。我们在第2章的分析方法中提到了5W2H原则，这是我们调研的法宝，是我们快速了解客户想法，拉近与客户距离的神器，那么第一次接触，就让客户试着回答这样的问题：确定建设系统的目的是什么？准备用它来解决什么问题？对于上述问题的回复当前不需要过于深入业务细节，从总体上把握项目即可，当然我们也可以结合项目立项报告、可行性分析报告、招标文件或合同的附带技术协议等文档来进一步了解客户关于本项目的想法。

案例&知识：

在软件项目中，业务范围和系统范围是不同的。业务范围指这个项目所涉及的所有客户业务，这些业务有没有计算机系统参与都客观存在。系统范围是指软件将要实现的那些对应于业务功能的系统功能，从功能性需求来说系统范围是业务范围的一个子集。但是一些系统功能则会超出业务范围，例如操作日志。有没有操作日志并不影响业务目标的达成，客户也不一定会提出这个要求，但从系统角度出发，操作日志会使得系统更加完善。类似的还有系统管理，基础数据管理等。

在本案例中，我们从客户的回复及业务概况说明中就可以大致了解到业务目标。最终，经过梳理和分析总结，我们得到了以下业务目标，如图3-1所示。

	A	B	C
0	编号	业务目标	主要内容
1	T1	实现工资管理业务信息化	实现考勤、薪资的审核信息化
2	T2	规范工资管理	实现考勤信息、薪资统计的自动录入；实现所有员工可查看本人（及下属员工）的薪资记录；实现所有员工可查看本人的考勤记录。

图 3-1 薪酬模块业务目标

选取的案例相对比较简单且独立，业务目标也比较容易获取和总结，而在实际的业务调研过程中，根据所涉及的业务范围和大小，可能会出现较多的业务目标，并形成列表，那么业务目标是可以分层级的，形成大的业务目标内部包含若干小的业务目标的形式。

在很多项目中业务目标一般就在分析业务范围时作为参考，在后续的建模过程中就被丢弃，而我们的建模方法论中业务目标是后续建模及分析设计的源头，需求调研就让我们从业务目标开始吧。

3.3　以人为本

在了解业务目标之后，是否马上开始了解业务具体情节，进行业务建模了呢？先不要着急，既然是一个软件系统，免不了需要人参与。那么我们就从人入手，了解与列出来的目标有关系的人和物，应用 5W2H 原则就是回答 WHO 的问题。一般来讲，在软件工程领域使用 stakeholder 来表示，我们这里称为"涉众"，当然也有翻译为"干系人"，需要说明的是，这里的"人"是一种概述，其实范围比较大，可以包括所有和系统建设以及目标相关的人和物。涉众，是指与要建设的业务系统相关的一切人和事。涉众不等于用户，用户通常是指系统的最终使用者，只是涉众的一部分。对于软件项目，特别是 MIS 系统我们一般可以通过以下大类去寻找涉众：业主、业务提出者、业务管理者、业务执行者、第三方、承建方、相关的法律法规和用户等。当通过以上大类的发现和定义涉众之后，我们就可以针对涉众进行涉众关系及涉众期望的需求调研汇总，当然在这个阶段最主要的是准确描述涉众情况和他们对系统建设的期望，不需要过多涉及业务细节。对于涉众的基本信息，我们可以从岗位职责、规章制度、业务手册、需求调研记录、与客户访谈以及会议纪要等信息获取，最终形成一份在整个项目期间可以不断动态维护的涉众分析报告（主要包括：涉众概要、涉众简档、用户概要、用户简档等）。

在本案例中，我们依据涉众的定义，参考涉众大类，经过关联性分析得出了如图 3-2 所示的涉众视图，以及涉众间的依赖代理关系，如，银行也是涉众之一，但是在案例中的公司，银行的工作实际上完全由财务部门代理。

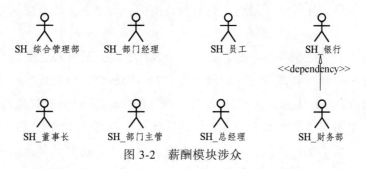

图 3-2　薪酬模块涉众

针对每种类别的涉众，需要对其进行编号，总结分析其主要期望，并根据此涉众在项目建设中的地位和其期望与项目建设的关联度，参与当前互联网流行的评分使用五级量化标准对涉众的每个期望进行量化。这里选取综合管理部的涉众期望作为示范，展示了期望的编写规范及形式，如图 3-3 所示。

新增期望 删除期望 上移 下移

	A	B	C
0	编号	涉众期望	期望优先级
1	W_1	自动统计每月薪资表	★★★★★
2	W_2	修改薪资表	★★★★☆
3	W_3	审核考勤表	★★★★☆
4	W_4	修改考勤表	★★★☆☆

图 3-3　综合管理部期望

在涉众的案例中，根据需求调研结果建立了涉众视图，当然，也可以根据项目大小，按模块或者子系统分别建立涉众视图，并展示涉众间关系。针对每个涉众可以以表格形式展示其期望，并标识出优先级，作为后续设计及开发任务安排的依据，以及项目建设的参考。

经过涉众分析形成了从需求调研中获取的参与者的基本信息，在后续的需求建模过程中可以根据项目的推进和深入，不断丰富或修改涉众信息，保持一种动态维护的状态，同时涉众也是需求建模方法论的业务模型中业务角色和系统模型中用户演化的基础。

在需求建模方法论中我们将业务目标分析和涉众分析作为需求准备阶段，主要目的是获取项目概况，掌握建模方向，了解业务背景，梳理相关人员，由此搭建起对业务领域的初步全景，为下一阶段的业务建模打下基础。

3.4　获取业务对象

经过需求准备阶段对业务领域有了比较全面的认识之后，需求过程方法论正式进入业务建模阶段，业务建模主要就是在业务范围内反映现实业务过程执行，主要包括获取业务对象、划分业务边界、分析业务角色、获取业务用例、构建业务场景以及业务情景建模等若干个步骤。

在本节我们主要讨论业务对象的获取。关于软件系统，最终都是要与数据库打交道，与数据库的交互具体就是要落实到与物理表的交互，而软件系统的成败很大程度上也取决于数据库设计是否合理。大家作为 RA 人员，能够深深地体会到数据库表设计对于软件项目意味着什么，也想知道数据库中的表为何是这几张，为何表中的字段是这样设计的，等等。而方法论就提供了核心主要表结构的推导及演化方法，我们就从业务对象开始了解这套演化方法。我们这里就说明关于业务对象的几个问题，后续相关章节，我们再仔细讨论。首先，业务对象的来源，业务对象来自于我们调研获得的关于客户业务的表单、报表、模板以及相关流程中。其次，如何分解获取的单据信息，在进行业务对象的获取过程中，RA 人员采用单据与业务对象一一对应的原则进行分解，获取单据到业务对象的初步映射。第三，对于单据中复杂字段，流程中的审核信息等，要根据实际情况进行初步的子业务对象识别和划分。第四，针对原表中明显有争议的信息做初步的筛选。最后，针对个别基础信息初步收集和建立信息表。

在案例中，我们以原始的薪资表为基础，如图 3-4 所示，应用上述相关业务对象分解原则，得到初步分析的业务对象，如图 3-5 所示。

序	部门	工号	姓名	银行卡号	邮箱	是否已发送	级别	定级工资	基础工资	岗位等级工资	管理津贴
1	综合管理办	201407100040	张三			否		4,000.00	1,500.00	2,300.00	

序	部门	工号	姓名	银行卡号	保密费	岗位绩效	项目绩效	午餐补贴	住房补贴	电脑补贴	其他补贴	工资总额
1	综合管理办	201407100040	张三		200.00			170.00				4,170.00

序	部门	工号	姓名	银行卡号	五险	公积金	请假扣除	补扣五险一金	其他	扣减合计	应发工资总额
1	综合管理办	201407100040	张三		343.20	612.00				955.20	3,214.80

序	部门	工号	姓名	银行卡号	其他	扣减合计	应发工资总额	应纳税所得额	个人所得税额	实发工资总额	所属银行
1	综合管理办	201407100040	张三			955.20	3,214.80			3,214.80	

图 3-4　薪酬表表头

在上述业务对象的获取中，首先将薪酬表转换为业务对象，当然 RA 人员在获取原始表的同时，需要初步了解表内元素的基本含义，在转换为业务对象时，在相应的备注信息栏中予以说明。针对业务对象分析转换的几条原则的应用，在案例中的体现，我们可以通过以下说明查看其实施。例如，针对原始薪酬表，邮箱元素是方便向各员工发工资信息，实施信息化只需要登录系统查询即可，因此在业务对象中已经不需要出现；针对原始表中存在的关于级别的信息，每家单位都有类似的高中低，或 1-10 级的规定，因此这里可以衍生出关于岗位级别的基础信息业务对象。

在业务对象获取的过程中，还有诸如审核信息、大数据表头（该元素内包含众多信息）等情况，RA 人员可以根据实际情况继续进行初步拆分。业务单据到业务对象的拆分是一个持续和不断完善的过程，可以在后面阶段根据对业务的逐步深入再回头修改和升版业务实体对象，这也体现了方法论迭代式螺旋上升的建模实质。

业务对象主要展示核心要素信息即可，并不要求形成完美的表结构，但是它是后续进行概念实体分析的基础，也是方法论中最终形成物理表结构的初步来源。其实业务对象的获取也可以归入需求准备阶段，因为其来源主要为调研期间从客户那边获取的主要业务单据信息，但是这些单据对后续业务建模过程中的情景建模又有关联作用，因此又可以将其纳入业务建模范围。

	A	B
0	要素名	备注
1	部门	
2	工号	员工工号（年月日+100+员工排序号，如201807100315）
3	姓名	
4	银行卡号	
5	邮箱	姓.名@163.com(如：zhang.shuai@163.com)
6	是否已发送	
7	级别	
8	定级工资	基础工资+岗位等级工资+管理津贴（若有）+保密费+岗位绩效（若有）
9	基础工资	固定
10	岗位等级工资	
11	管理津贴	管理层具有
12	保密费	
13	岗位绩效	管理层具有
14	项目绩效	
15	午餐补贴	每天补助固定
16	住房补贴	应届毕业生转正后一年内补助，若住公司宿舍则没有
17	电脑补贴	
18	其他补贴	证书之类的
19	工资总额	从第9行到第18行的和
20	五险	
21	公积金	
22	请假扣除	事假：定级工资/该月应上班天数*请假天数病假：定级工资/该月应上班天数*请假天数*30%矿工：定级工资/该月应上班天数*矿工天数*300%受公司处罚新入职员工本月入职前未出勤扣款代扣五险一金其他
23	补扣五险一金	
24	其他	迟到、早退（半小时内第一次扣减50元，之后每次迟到早退都按照当月上一次的基数*2。如第二次迟到则扣除50*2=100。第三次迟到扣出100*2=200)
25	扣减合计	五险+公积金+请假扣出+补扣五险一金（若有）+其他
26	应发工资总额	工资总额-扣减合计
27	应纳税所得额	按国家税收政策规定
28	个人所得额税	根据公式计算
29	实发工资总额	应发工资总额-个税
30	所属银行	例如，工行

图 3-5　薪酬业务对象

3.5　划分业务边界

业务边界划分依据之前定义的业务目标，因为边界其实可大可小，而且看不见，摸不着，无法衡量，也无章可循，很多时候靠的就是 RA 人员的经验和意识，划分三个是正确的，划分为四个也不是错误的，所以我们这里引入业务目标划分方式，尽量避免这些问题的出现或尽量将边界划分规则化、量化。一般来讲，业务边界就是一个矩形框，外部是对当前业务目标有主观意愿或这个业务目标服务的对象，一半来自涉众，也可能当前的业务边界内有其他相关涉众，或者代理角色，我们按照之前在 2.2.2 节中提及的定义，作为业务工人。

按照上述对业务边界的划分标准，根据 3.2 节整理的业务目标"实现薪酬管理业务信息化"，我们很容易就可以推导出边界。根据这个业务目标，可以方便得出哪些人对这个业务目标有期望，哪些涉众是被动参与到这个目标的，按照这个分析，我们得出如图 3-6 所示的结果。

图 3-6　薪酬管理信息化边界

从图 3-6 所示的边界示意图可知，我们其实可以暂时忽略边界内涉众的期望，集中解决边界外涉众的主要期望。也就是说系统首先要满足外部诸如董事长、总经理、综合管理部、财务部和员工对于薪酬管理信息化的期望，当然我们再往下划分也可知，上述涉众对于信息化的期望侧重点也不一样，他们将自己的角色要求融入到信息化的期望中。

业务边界划分是后续进行业务用例分析的基础，边界、角色和用例三者相互依存，边界被定义了，我们就能方便得出角色，而一旦角色确定，业务用例就能被发现。所以边界决定了视角，也决定了抽象层次。

3.6　分析业务角色

业务角色主要包括业务主角和业务工人，或者说是这两者的集合，主要来源于我们的涉众，涉众列表中的所有角色都是业务角色的候选，业务角色是涉众的子集或者是涉众的细化。业务角色代表涉众利益，具体负责或参与业务执行过程，业务主角必须在边界之外，对业务边界所代表的业务目标有贡献或者有要求，当然最终的系统管理除外；业务工人是被动参与业务边界所代表的业务目标，业务工人只是和当前边界有关，也可能在另外边界所关联的业务目标中，就成为了业务主角。业务角色主要用于分析业务，而业务分析的结果是要与客户交流并达成共识，因此业务角色应当能够映射到现实业务中的工作岗位设置、工作职责说明等，并且最好使用客户习惯的业务术语命名。在方法论中业务角色具体用来获取业务用例，分析和完成业务情景建模过程。

结合案例，根据对业务角色的说明，针对"实现薪酬管理业务信息化"的业务边界，得出如图 3-7 所示的业务角色视图。

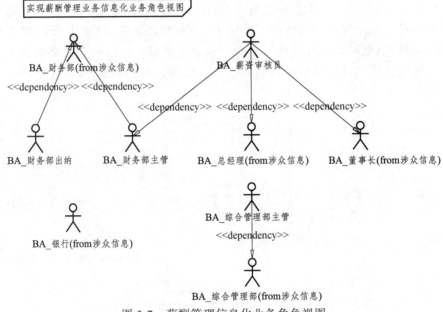

图 3-7　薪酬管理信息化业务角色视图

从图 3-7 可以得知，业务角色可以是涉众的细化，例如，涉众财务部，在业务角色部分演化为财务部出纳、财务部主管；业务角色可以衍生，例如，薪酬审核员，就是因为在业务后续业务用例中工资表的审核需要经过多次审核，但是每次审核的内容基本一样，只是人员不一样，所以使用新建业务角色代理涉众中的财务主管、总经理和董事长等，薪酬审核员执行涉众期望。

业务角色的分析和业务用例其实并无先后顺序，它们之间是相互补充、相互依存、相互协助、相互验证的关系，可以经过多次迭代逐步修改和完善。

3.7　获取业务用例

业务用例是针对业务目标所划定的业务边界的具体化，是结合业务角色和业务边界进行业务建模中的关键步骤。业务用例视图是表达客户业务执行的静态视图，是实现某关联业务目标的具体体现。业务用例可以从需求调研收集的岗位手册、业务流程指南、职务说明中获得，也可以从涉众期望中获取，当然与客户的会议、访谈及其他形式的沟通都是获取业务用例的方法。在 2.2.2 节提及可以应用 5W2H 原则使用问题引导的方式向客户代表说出他们的业务需求：

（1）您对系统有什么期望？

（2）您打算在这个系统里做些什么事情？

（3）您做这件事的目的是什么？

（4）您做完这件事希望有一个什么样的结果？

这里我们就不展开叙述，后面章节再描述具体过程，通过调研和让客户说明每项业务的结果可以帮助我们分析用例，建立业务用例模型视图，当遇到不同的业务有着相同或相似的结果时，往往是分析的重点。另外，业务结果的说明也是将来进行业务情景建模中用例规约文档后置条件的重要来源。当然在 2.2.2 节提及获取业务用例的时候，要时刻记着业务用例的完整性，避免将步骤作为用例，业务用例是一项完整业务汇集的过程。根据上述提及的业务用例视图获取方法，我们可以得出关于"实现薪酬管理业务信息化"的业务用例视图如图 3-8 所示。

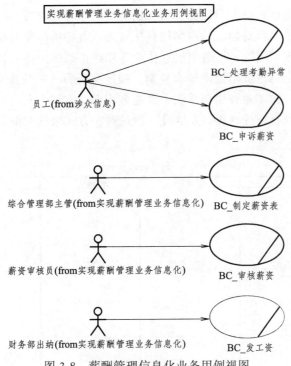

图 3-8 薪酬管理信息化业务用例视图

从图 3-8 可以看出，以上业务用例完整地表达了薪酬管理信息化的主要过程，也反映了当前业务现状的实际情况。我们经过多次实践和培训，发现建立业务用例视图最常见的错误就是把步骤当用例。例如，图 3-8 的处理考勤异常是我们得出的业务用例，但是初学者容易将其抽取为查看考勤表、填写申诉表等，这样抽取有问题吗？有什么问题？我们对照分析业务用例的定义就明白，其实无论查看考勤表还是填写申诉表等，它们只是处理考勤异常的步骤，而非目的，这两个所谓的"用例"经不起推敲和继续提问，当然如果你的目的就是简单地查看考勤信息，那么查看考勤表的用例就可以成立。

3.8　业务场景呈现

业务场景是对客户总体业务过程的描述，使用活动图（泳道图）来表达业务的具体执行过程，等同于业务流程图。业务场景视图使用反映主要业务过程的业务用例视图中的基本业务用例作为活动图中的活动来表示具体业务过程。在方法论中业务场景视图作为对业务用例的汇总和分析，呈现出一种自底向上的过程，一方面是方法论贯彻"正向可推导，反向可追溯"思想的体现，所有活动都来自业务用例；另一方面是对业务用例和业务场景的相互检查，形成的核实机制。就这个核实机制，这里补充一点。将所有业务用例汇总形成业务场景，一方面可以检查业务场景是否完善，是否完全反映了客户实际情况；另一方面也印证了业务用例获取是否正确，是否完整。如果出现问题，一种情况表明我们需求调研还没有做到位，还有遗漏的需求没有体现出来；还有一种情况就是我们需求调研的粒度过细或过多了，需要调整或修改某些业务用例视图。在实际应用过程中，出现第一种情况和两种情况皆出现的几率大些。在方法论中有若干个机制不断地进行需求验证，后续章节会陆续讲到，作为 RA 人员应该抓住每一次需求验证和检查的机会，确保我们调研过程的有效。

在案例中，我们主要针对的就是薪酬信息化管理，其中另一个目标规范化主要起到配合和基础数据管理的作用。因此，将薪酬信息化业务用例汇总形成业务场景后得到如图 3-9 所示的活动图。从图 3-9 可以看出处理异常考勤、制定薪资表、审核薪资、发工资以及处理异常薪资等都是 3.7 节中案例业务用例视图中的业务用例，它们汇总后根据实际业务形成了反映薪酬信息化的具体执行流程。RA 人员可以通过这种方式来核对业务用例和业务场景的完整性和实效性。

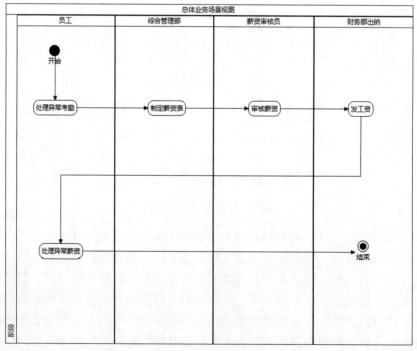

图 3-9　业务场景视图

3.9　业务情景建模

业务情景用例描述该业务用例在业务的实际过程中是如何实施的，一般使用活动图来强调参与该业务的各参与者的职责和活动，这时离设计也比较远，因此一般不需要过于强调时序和交互这些对较低抽象层次对象比较重要的内容，而绝大多数情况下都是类似的场景。因此，我们选择业务情景建模时就使用活动图，这也有利于将业务用例分解为更小的单元，为获取系统用例打下基础。使用活动图来描述业务用例，就是将业务主角和业务工人作为活动图的泳道，将业务主角和业务工人所完成的工作作为活动，然后依据实际业务流程中的执行顺序将这些活动连接起来，形成业务情景。每个业务用例都可以关联一个业务情景，即每个业务情景都是某个业务用例的动态表达，它们之间存在一一对应关系。

通过业务情景建模我们能得到什么呢？首先活动图可以理解为通常意义上的业务流程图，它可以非常直观地描述客户的业务流程，这对于客户交流来说是一个很好的工具；其次，我们可以从活动图中得到一些关键的概念：职责和活动。职责表明将来用户要在系统里面做什么，而活动则表示将来系统的设计方向和内容。

针对案例，我们将业务用例的审核薪资进行业务情景建模，得到图 3-10 所示的活动图，用以构建和说明审核薪资业务的具体流程。

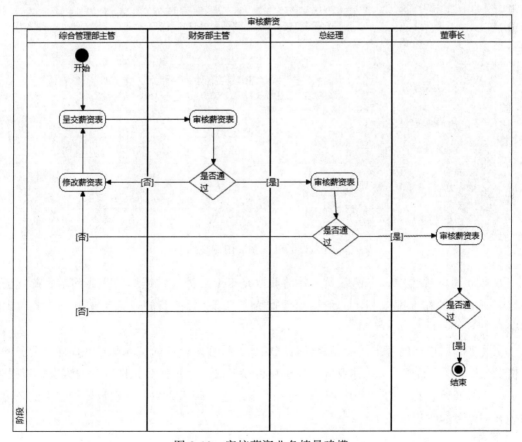

图 3-10　审核薪资业务情景建模

一般与业务情景活动图配合使用的还有业务用例规约，业务用例规约将活动图不容易表达清楚的前置后置条件、涉及的业务规则、对用例的描述以及涉及的业务实体等进行说明和关联，与活动图配合将业务用例描述清楚。本案例与业务情景互动图关联的业务用例规约如图 3-11 所示。

	A	B	C	D
0	业务情景名称	BSA_审核薪资	测试用例编号	
1	用例描述	考勤异常情况处理结束后，综合管理部主管获取系统生成的薪资汇总表，财务部主管、总经理、董事长对薪资汇总单进行审核。		
2	执行角色	综合管理部主管,财务部主管,总经理,董事长		
3	前置条件	处理考勤异常		
4	后置条件	发工资		
5	主过程描述	1、综合管理部主管将制作好的薪资汇总表呈交给财务部主管进行审核。 2、财务部主管审核薪资汇总表，若不通过则执行分支条件2.1，若通过则执行主过程3。 3、总经理审核薪资汇总表，若不通过则执行分支条件2.1，若通过则执行主过程4。 4、董事长审核薪资汇总表，若不通过则执行分支条件2.1，若通过该业务情景结束。		
6	分支过程描述	2.1、审核不通过打回综合管理部主管处，执行分支过程2.2。 2.2、综合管理部主管修改薪资汇总表，执行主过程1。		
7	异常过程描述	无		
8	业务规则	无		
9	涉及的业务实体	薪资表,部门薪资统计表		
10	注释和说明	无		

图 3-11　审核薪资用例规约

在业务用例规约中，前置后置条件的获取是 RA 人员经常遇到的头疼问题，在方法论中定义了它们的粒度都以相应的业务用例作为备选条件，涉及的业务实体也以业务对象作为来源。

至此，方法论面向客户的业务建模就完成了，从客户业务的实际现状上描述了业务的真正情况，并对其进行建模。整体业务建模过程可以形成以客户作为预期读者的需求分析报告。从下一小节开始，我们的需求方法论就进入了系统建模阶段，主要站在计算机实现的角度来描述客户业务的实现形式了。

3.10 分析概念实体

方法论中引入了概念实体，所谓概念实体是借鉴数据库建模中的 ER 关系图而来。在方法论中关于概念实体主要有以下几点需要说明：（1）概念实体是由业务实体演化而来；（2）演化的方法包括直接关联多个业务对象的合并（例如，多个业务对象的审核抽取合并为审核概念实体）、拆分（例如，业务对象大字段或可能存在多次修改的字段拆分后形成新的概念实体）、演绎（例如，业务对象的元素信息存在冗余、缺失、不合理等在概念实体中予以修正和完善）等；（3）概念实体可以根据系统建模需要在此阶段直接新增，特别是针对基础信息类、系统管理类、日志监控类的模块；（4）概念实体在此阶段要表达出主外键关系；（5）概念实体能够按照模块、子系统等形式表达出它们之间的 ER 关系视图。

在本案例中，依据上述对概念实体的描述，结合业务对象表格，形成了如图 3-12 所示的概念实体关系视图。

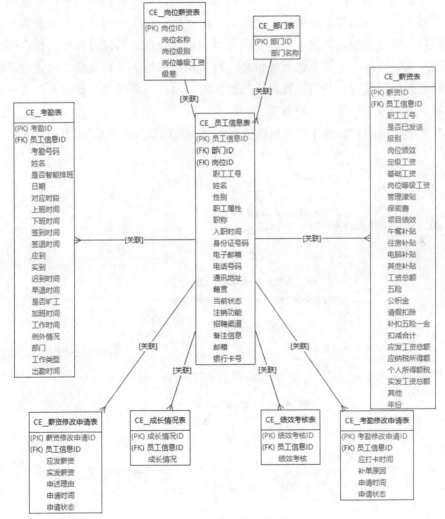

图 3-12　概念实体视图

当然"一千个人眼中有一千个哈姆雷特"，得出的概念实体视图只要符合业务要求，完整表达用户需求，符合数据库设计的基本原则，能够在项目中自我梳理清晰结构就是一种合适的表达，就是一种满足要求的表达。概念实体作为系统建模过程中系统情景涉及的实体结构来源，能够为后期的系统建模打下基础，而且概念实体在后续的设计工程中是进行表结构转换的依据，是与设计工程进行对接和实现一体化的重要元素。

3.11　关联系统用户

最终的操作者，顾名思义就是系统用户（简称用户），简单的说就是最终使用软件的人。在方法论中用户来源于业务角色，因为具体执行业务的人一般来讲是包括用户的，用户是业务角色的子集。当然世界上没有绝对的事情，这里也有例外，例如，系统管理员，在没有系统之前是不存在这个用户的，这是一种比较典型的情况，也还存在因为软件系统的上线在优化流程中缩减了人员的同时，新增了个别岗位。在方法论中关于用户还有几点需要说明：首先，每个用户都单独存在。其次，用户之间类似于业务角色，可以有代理关系。再次，为表达用户演化关系，可以与业务角色相关信息进行关联。最后，系统建模是站在计算机执行的角度来表达业务执行过程，是与计算机进行交互的，而且也要考虑与设计工程的一体化，因此，系统用户虚拟出"计算机"的角色。

针对本案例中的用户，结合业务角色关系和对用户的说明，形成了如图 3-13 所示的系统用户视图。

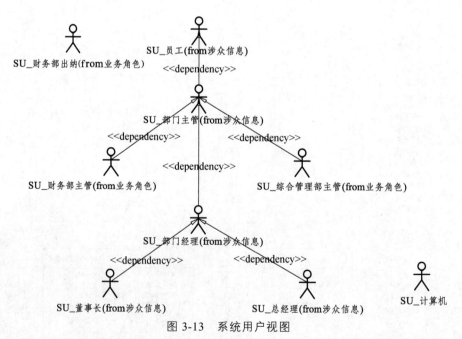

图 3-13　系统用户视图

3.12　获取系统用例

系统用例（简称用例）是从计算机系统执行业务的角度来描述业务场景的方式，平时使用 UML 绘制的用例图大多数情况下就是指这种类型的用例。在方法论中系统用例获取的来源主要在参考业务用例的基础上，以对应的业务情景为主体。即，用例主要由在业务建模阶段中的业务情景模型作为主要来源，通过关联、演绎、归纳和拆分等手段，依据业务情景中的活动是否能够被计算机化为标准，将活动转换为系统用例。除了业务建模阶段的推导原则之外，用例在系统建模阶段进行抽取的过程中还要时刻关注用例的粒度问题，经过多次实践与经验总结，这个粒度最好把握在用户能够与计算机进行一次完整的交互为宜。这个完整的交互一般是指一个页面业务的执行，一个表单与按钮的结合，一个表单、表格与功能的结合，或者一个按钮的执行过程等，当然也可以表示一个定时器的执行，与第三方系统的一次完整交互等。

针对薪酬审核案例的业务情景，结合对用例的说明，得到如图 3-14 所示的系统用例视图。

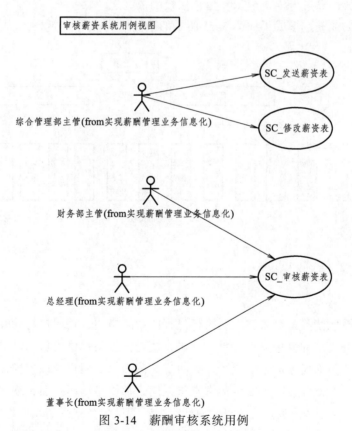

图 3-14　薪酬审核系统用例

查看案例的业务情景活动图可知，其活动都可以用信息化手段实现，即可以计算机化，因此系统用例的获取就相对比较简单。而针对另外一个发工资的业务情景，其最后一步为银行根据薪资表发放工资，简单分析就可知，银行不会与当前这家公司的薪资系统集成，当我们分析系统用例时，就可以采用演绎的方法，将其更改为导出薪资表，当然这个薪资表是符合银行格式要求的表单。我们也可能会遇到业务情景中的某个活动，推导至系统用例时无法使用一个用例表示，例如，电力行业的用户申请用电，在业务情景中 RA 人员分析为整个用电服务的一个活动，但是在系统建模阶段发现，针对不同客户其申请方式不同，可以是个人申请形式，也可以是开发商集体申请形式。因此，申请用电活动在系统建模阶段应用拆分的方法形成了个人申请用电和集体申请用电两种形式。当然还有其他的演化方法，这里就不一一举例说明，在实际建模过程中大家可以结合具体案例再次体会。

3.13　系统模块汇总

系统建模阶段的系统模块从方法论角度来讲,类似业务建模阶段对业务场景汇总的形式,系统模块是对系统用例的按层次汇总。从使用角度来看，系统模块则是对系统功能按场景的初步划分，是系统最终进行模块展示和角色授权的依据之一。

针对本案例的业务，形成了如图 3-15 所示的系统模块视图。

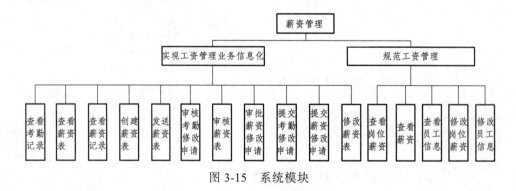

图 3-15　系统模块

3.14　系统情景模型

在方法论中系统情景是对系统用例执行过程的动态描述，是用户与计算机交互的具体体现，是用户功能性需求的集中显现。具体来讲，我们的视角和建模目的已经从原来的业务是什么样子，业务人员如何完成，变成了计算机应该怎么做，用户应该怎样操作计算机。当然使用活动图还有一个好处，在现实中却常常被忽略，那就是测试，而且现在的软件越来越复杂,测试也就变得越来越重要,但是测试测什么呢? 测试与被测试的软件之间必须要有契约，这个契约规定软件必须完成的功能，测试就按照这个契约来设计测试用例。那么，很显然，如果作为一名测试人员，你就会很喜欢系统情景模型，因为这基本就是一个黑盒测试的现成测试用例了。

　　针对薪资管理案例，结合对系统用例的说明，我们还以薪资审核为例，它可以分出三个系统情景：发送薪资表、审核薪资表和修改薪资表。这里就以审核薪资表为例，建立起系统情景模型如图 3-16 所示。在用户与计算机交互过程中，将计算机所要展示的页面、系统的功能按钮、操作的核心实体及其元素、页面校验规则、业务处理逻辑名称约束和规则、应用的业务规则等体现出来。

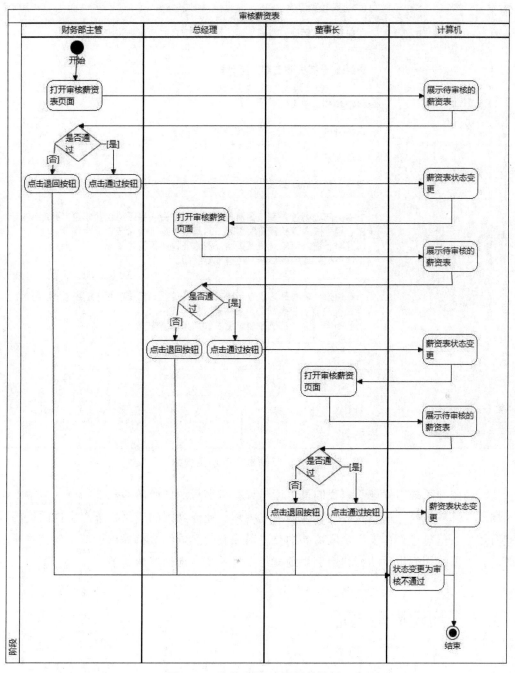

图 3-16　审核薪资系统情景视图

当然，活动图只描述了过程，并未展示出系统实现需求的所有细节，这些细节就使用用例规约来描述，如图 3-17 所示审核薪资表的用例规约。

用例脚本说明表

	A	B	C	D
0	系统情景名称	SSA_审核薪资表	测试用例编号	
1	用例描述	财务部，总经理，董事长对已经提交审批的薪资表进行审核		
2	执行者	总经理,董事长,财务部主管,计算机		
3	输入	待审核的薪资表		
4	输出	审核通过的薪资表，审核未通过的薪资表		
5	前置条件	发送薪资表		
6	后置条件	查看审核后的薪资表		
7	主事件流描述	1.财务部主管进入审核薪资表页面，对薪资表是否符合要求进行判断 2.总经理进入审核薪资表页面，对薪资表是否符合要求进行判断 3.董事长进入审核薪资表页面，对薪资表是否符合要求进行判断 4.计算机修改申请状态，存储审核结果。		
8	分支事件描述	1.若通过，将考勤修改申请转发给下一位（财务部主管→总经理→董事长），计算机改变薪资表状态为审核通过。 2.若不通过，计算机改变薪资表状态为审核未通过。		
9	异常事件描述	无		
10	业务规则	无		
11	涉及的概念实体	薪资表		
12	注释和说明	无		

图 3-17 审核薪资系统用例规约

从活动图和系统用例规约中我们可以读出计算机实现业务所需的全部细节，包括了人机交互场景、计算机执行过程及分支、异常情况处理、业务规则的应用、概念实体的使用以及关键有用字段信息等。在设计阶段需要的类、对象和信息等细节都提供了基本的信息显示。一般而言，系统用例用活动图和用例规约就足以将系统需求描述清楚了。

3.15 构建原型界面

在方法论中原型界面就是原型，并不代表系统的最终实现，可以使用草图来表示。关于原型界面的说明：（1）原型界面的建设依据系统用例形成文件夹，依据系统用例所衍生的活动图作为建设的依据，描述用例的展示界面；（2）原型界面主要用以表达页面布局、功能元素是否完备和核心信息是否满足客户要求等为目标；（3）原型界面主要面向客户以实现敏捷过程，让客户提前看到系统原型，用以 RA 和客户交流真实需求为原则，同时也为设计及开发人员理解需求，做出合理设计和最终形成满足客户要求的系统提供依据；（4）原型界面最好能够进行演化，而非抛弃型原型，能够实现从需求到设计的转换和应用，提高工作效率和复用性，尽量减少设计和开发工作量。

针对案例，审核薪资的原型界面如图 3-18 所示。当然，系统用例并非与原型界面一一对应，一个系统用例可以关联一个或者多个原型界面，主要以完整表达系统活动图所描述的过程为目标。

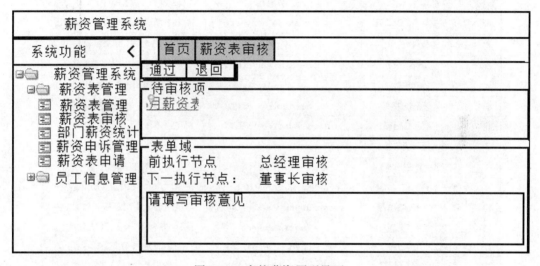

图 3-18　审核薪资原型界面

同时配合原型界面的使用以及为设计人员提供关键元素，每个原型界面都有对应的用例脚本展示，主要以边界类、业务类及实体类的划分为依据，按照 MVC 的主要思想将设计的关键要素表达出来。在边界类中主要以固定的 Form 元素、Grid 元素、Button 元素、页面验证元素等表现人机交互界面的信息；业务类主要表达 Busi 元素，用于实现业务处理逻辑、业务控制逻辑的业务处理名称信息；实体类主要从概念实体获取和用例原型关联的操作使用到的实体信息等。

至此，以业务模型为基础经过逐步拆分和细化的系统建模过程完成。

3.16　形成概要视图

方法论中概要视图主要是对 3.15 节的用例脚本的汇总和统计，在没有工具支撑的情况下，RA 人员将统计按照边界类（View）、业务类（Busi）和实体类（Entity）分别将用例脚本中的元素统计，形成概要视图，当然在有工具的情况下，可以自动汇总形成虚拟概要视图。概要视图主要作用就是明确各类元素表达含义，为设计工程打下基础，作为评估设计及开发工作量的依据等。

根据对概要视图的说明，案例中薪酬管理模块形成了三种类型的视图，分别为如图 3-19、图 3-20 和图 3-21 所示。其中边界类视图和业务类视图除了汇总分析元素之外，还对每个元素进行了描述，用以说明每个元素的类型和作用，或者处理功能及结构等信息，为向设计工程导入做准备，方便设计人员开展下一步设计工作。

边界类视图

边界类说明表

	A	B	C
0	页面名称	元素名称	界面说明
1	PP_提交薪资修改申请	submitSalaryModifyApply	提交薪资修改申请页面提交按钮
2	PP_查看岗位薪资	queryPostSalary	查看岗位薪资页面查询按钮
3	PP_查看岗位薪资	queryPostSalaryById	查看岗位薪资详情链接
4	PP_查看薪资表	querySalaryInfoById	查看薪资表详情链接
5	PP_查看薪资表	querySalaryInfo	查看薪资表页面查询按钮
6	PP_查看员工信息	queryEmployeeInfoById	查看员工信息详情链接
7	PP_查看员工信息	queryEmployeeInfo	查看员工信息页面查询按钮
8	PP_修改薪资表详情	saveModifySalaryInfo	修改薪资表详情页面保存按钮
9	PP_提交考勤修改申请	submitAttendanceAmendApplyForm	提交考勤修改申请页面提交按钮
10	PP_提交考勤修改申请	submitAttendanceAmendApply	查看考勤记录页面异常修改申请按钮
11	PP_六月薪资表	printSalaryInfo	薪资表详情页面打印按钮
12	PP_六月薪资表	querySalaryInfo	薪资表详情页面查询按钮
13	PP_修改员工信息	modifyEmployeeInfoById	查看员工信息页面修改按钮
14	PP_审批薪资修改申请	passSalaryModifyApply	审批薪资修改申请页面通过按钮
15	PP_审批薪资修改申请	refuseSalaryModifyApply	审批薪资修改申请页面退回按钮
16	PP_审核考勤修改申请	passAttendanceApply	审核考勤修改申请页面通过按钮
17	PP_审核考勤修改申请	refuseAttendanceApply	审核考勤修改申请页面退回按钮
18	PP_审核薪资表	refuseSalaryTable	审核薪资表页面退回按钮
19	PP_审核薪资表	passSalaryTable	审核薪资表页面通过按钮
20	PP_查看考勤记录	queryAttendanceInfo	查看考勤记录页面查询按钮
21	PP_查询部门薪资情况统计	queryDepartSalaryInfo	查询部门薪资情况统计页面查询按钮
22	PP_查询部门薪资情况统计	queryDepartSalaryInfoById	查询部门薪资详情链接
23	PP_修改岗位薪资详情	savePostSalaryInfoById	修改岗位薪资详情页面保存按钮
24	PP_修改薪资表	modifySalaryInfo	修改薪资表页面修改按钮
25	PP_修改员工信息详情	saveEmployeeInfoById	修改员工信息详情页面保存按钮
26	PP_修改岗位薪资	modifyPostSalaryById	修改岗位薪资页面修改按钮
27	合计：26个元素		

图 3-19　边界类视图

📅 业务类视图

业务类说明表

	A	B
0	**页面名称**	**业务类**
1	PP_提交薪资修改申请	submitSalaryModifyApplyBusi
2	PP_查看岗位薪资	queryPostSalaryBusi
3	PP_查看薪资表	querySalaryInfoBusi
4	PP_查看员工信息	queryEmployeeInfoBusi
5	PP_修改薪资表详情	saveSalaryInfoBusi
6	PP_提交考勤修改申请	displayWindow
7	PP_提交考勤修改申请	saveAttendanceAmendApplyForm
8	PP_六月薪资表	printSalaryInfoBusi
9	PP_六月薪资表	querySalaryInfoBusi
10	PP_审批薪资修改申请	refuseSalaryModifyApplyBusi
11	PP_审批薪资修改申请	passSalaryModifyApplyBusi
12	PP_审核考勤修改申请	passAttendanceApplyBusi
13	PP_审核考勤修改申请	refuseAttendanceApplyBusi
14	PP_审核薪资表	passSalaryTableBusi
15	PP_审核薪资表	refuseSalaryTableBusi
16	PP_查看考勤记录	displayAttendanceInfo
17	PP_查询部门薪资情况统计	queryDepartSalaryInfoBusi
18	PP_修改岗位薪资详情	savePostSalaryInfoBusi
19	PP_修改薪资表	modifySalaryInfoBusi
20	PP_修改员工信息详情	saveEmployeeInfoBusi
21	PP_修改岗位薪资	modifyPostSalaryBusi
22	**合计：21个业务类**	

图 3-20　业务类视图

☷ 实体类视图

实体类说明表

	A	B
0	**页面名称**	**实体类**
1	PP_提交薪资修改申请	SALARYAPPLYMODIFYENTITY_薪资修改申请表
2	PP_查看岗位薪资	POSTSALARYENTITY_岗位薪资表
3	PP_查看薪资表	SALARYENTITY_薪资表
4	PP_查看员工信息	EMPLOYEEENTITY_员工信息表
5	PP_修改薪资表详情	SALARYENTITY_薪资表
6	PP_提交考勤修改申请	ATTENDANCEAMENDAPPLYENTITY_考勤修改申请表
7	PP_六月薪资表	SALARYENTITY_薪资表
8	PP_修改员工信息	EMPLOYEEENTITY_员工信息表
9	PP_审批薪资修改申请	SALARYAPPLYMODIFYENTITY_薪资修改申请表
10	PP_审核考勤修改申请	PASSATTENDANCEAPPLYENTITY_考勤修改申请表
11	PP_审核薪资表	SALARYENTITY_薪资表
12	PP_查看考勤记录	ATTENDANCEINFOENTITY_考勤记录表
13	PP_查询部门薪资情况统计	DEPARTMENTSALARYENTITY_部门薪资统计表
14	PP_修改岗位薪资详情	POSTSALARYENTITY_岗位薪资表
15	PP_修改薪资表	SALARYENTITY_薪资表
16	PP_修改员工信息详情	EMPLOYEEENTITY_员工信息表
17	PP_修改岗位薪资	POSTSALARYENTITY_岗位薪资表
18	**合计：17个实体类**	

图 3-21　实体类视图

3.17 用户视图验证

用户视图也是一种统计的虚拟视图，主要是将系统用例视图从系统执行过程的角度转换为用户的角度。关于用户视图，方法论中虽然只是说明查看角度的不同，但是在实际应用过程中却有几个特点：首先，从用户角度统计了系统中的用例，也就是说明了用户的功能性需求；其次，通过用户视图和系统用例视图的对比，可以检验和核实用户需求是否真实有效的，是否缺失或越出用户业务边界范围，是对用户功能性需求的又一次确认和检查；最后，用户视图也为后续系统授权提供了依据和参考。

本案例中，我们以员工用户视图为例，如图 3-22 所示，将系统用例视图中所有涉及员工的用例按照员工的视角重新组织，用于检查和完善系统模型。

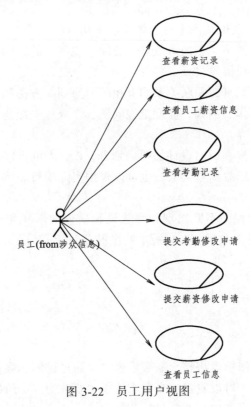

图 3-22　员工用户视图

3.18 方法论概览

经过讨论，我们已经将需求建模过程方法论的主要内容通过理论介绍结合薪酬管理模块案例的部分建模过程快速地经历了一遍。虽然我们经过了每一个步骤，梳理了每一个阶段，但是对整个方法论的整体还没有全面的了解，我们要杜绝"瞎子摸象"的情况，不能只见局部不见总体。因此，我们通过图 3-23 来从整体浏览一下方法论主要内容和关键信息。

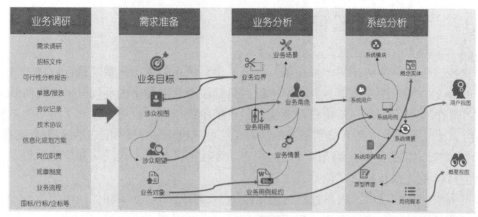

图 3-23　方法论概览

由图 3-23 所示关于方法论从图上可以体现以下几点：

首先，方法论整体贯彻了"正向可推导，反向可追溯"的原则和理念，实现了主要核心关键元素一以贯之的关联和推导过程。

其次，方法论中关键元素的关联关系都有相应的原则、方法和理念作为支撑，用以约束或完善 RA 人员的实施操作。例如，粒度把控问题、涉众优先级划分问题、系统用例推导问题、业务对象的获取问题等。

第三，实现了面向客户和面向设计的明确划分，RA 人员可以根据不同的要求，快速形成相应的文档，当然在基础数据基础上，也可以根据实际项目需求，进行组合和分析，形成新的说明文档信息。

最后，方法论实施过程中不断出现相互验证和检查的形式和步骤，从形式上和规则上不断地对 RA 人员进行纠正和反馈，从根本制度及条件上保证了需求调研整体方向的正确和有效。

3.19　小　结

本章主要从方法论实施角度将整个需求建模过程通过讲解和案例快速了解一遍，最后将方法论整个过程汇总说明。可以看出整个需求建模主要分为三个阶段：需求准备、业务建模和系统建模。其中，需求准备包括业务目标获取和涉众分析；业务建模主要包括业务对象获取、划分业务边界、分析业务角色、获取业务用例以及进行情景建模，最终形成面向客户的需求分析报告；系统建模则主要包括概念实体演化、系统用户的分析、系统用例获取、系统模块准备、系统情景构建、原型界面绘制等步骤，最终形成面向设计及开发人员的需求规格说明书。当然最后我们为了和设计工程形成一体化模型，形成了虚拟概要视图和用户视图。

在本章的结尾，也通过一个汇总将方法论实施的总体过程予以说明和解释。在经过前期的充分准备之后，我们接下来就要进入第二部分真正的实践中去了。

4 需求获取

通过对之前章节的学习，我们对需求建模方法论有了大致的了解。那么需求建模中的各个环节是如何进行的呢？本章将介绍如何通过分析问题领域来确定业务目标以及涉众信息的具体分析方法。通过本章的学习后，相信大家会对需求建模中的业务目标和涉众分析有更深入的理解。下面就为大家详细介绍。

4.1 分析问题领域

问题领域是真正的用户和其他利益相关者的核心期望来源，他们的需求是构造正确系统的主要依据。

软件是一种用来辅助人们解决某一问题的工具。软件的价值就在于能够符合问题领域的需要，并达到人们解决问题的期望。软件项目总是从了解问题领域开始的。

从过去几年可以看出，软件人员用于建立当今企业应用程序的工具和技术的能力呈现出空前的增长。新的程序设计语言增加了抽象级别，提高了解决用户问题的能力。面向对象方法的应用使得开发出的软件更加健壮，可扩展性也更好。各种各样的工具，比如版本管理、需求管理、设计和分析、缺陷跟踪以及自动测试，都极大地帮助了软件开发人员管理数以千计的需求及数十万行代码的复杂系统。

随着软件开发环境效率的提高，现在开发真正满足商业需求的系统变得更容易了。但是，正如前面看到的，有数据表明，公司始终面临着真正理解和满足这些商业需求的能力的挑战：开发团队总是倾向于埋头编程，在未充分理解现实世界业务问题的情况下提供解决方案。

这样开发出来的系统不可能很好地满足用户和其他利益相关者的需要。结果是客户和开发人员的经济回报太低，用户不满意，以及竞争对手的挑战。显然，进一步关注问题领域分析会有更好的结果。

为了做到这一点，必须分析和理解问题领域。

4.1.1 了解业务概况

为了真正理解客户的需求并给出满足这些需求的解决方案，必须理解真实世界中的问题。

现在假设有一个薪酬管理系统项目的负责人，在项目正式启动前正在考察和评估客户公司薪资相关的业务模式。这些工作包括业务背景调查、业务前景分析、业务可行性分析、技术可行性分析等。这位负责人将初步了解项目的产生原因、运行环境、系统规模、软硬件环境以及客户期望，这些内容将成为项目重要的输入信息。

在统一过程中，以上内容汇集到被称为《前景》的文档中（文档的模型可以从统一过程软件当中得到）。不要觉得这些内容只与市场活动有关，实际上，下一节将要整理的业务目标就将从这里产生。业务前景和客户期望所描述的内容与 UML 分析技术关系密切，严格来说，这些正是 UML 分析的开始。

为了让需求分析人员对薪酬管理软件有一个大致的了解，先来看看薪酬管理的业务流程。

公司薪资发放的过程是怎么顺利进行的呢？首先在月初的时候，公司员工可以查看自己上月的考勤记录，若发现自己的考勤记录存在异常，可以填写考勤修改申请表报部门经理进行审批，部门经理审批通过后报综合管理部进行审批，综合管理部审核通过后会修正异常的考勤记录，这个过程称为处理异常考勤；处理异常考勤的时间结束后，综合管理部根据月度考勤记录、考勤管理规则、员工基本信息等制作公司月度薪资表报财务部审批，这个过程称为薪资表制作；财务部审批通过后，将月度薪资表报总经理审批，总经理审批通过后，将月度薪资表报董事长审批，董事长审批通过后，将月度薪资表交至财务部出纳处进行工资发放，这个过程称为薪资表审批；财务部出纳根据月度薪资表以及员工基本信息制作银行所需的转账表，并将转账表发送给银行系统，银行根据公司发送的转账表将薪资发放到每个员工的银行卡中，这个过程称为薪资发放。

所以薪资发放业务流程主要由处理异常考勤、薪资表制作、薪资表审批和薪资发放组成。这几部分基本囊括了薪酬管理系统的主要业务范围，读者可稍作了解。

在目前的企业中，薪酬管理基本采用手工方式进行操作，信息化过程就是考勤记录表格、月度薪资表格以及审批表格，通过集团邮件传输，但是最后还是要递交纸质版存档的。这存在诸多问题，例如不便于资源共享，特别是已经存在的很多考勤及薪资档案，不能在企业内汇总共享；当需要查询某一方面资料时，需要花费大量的人力资源在众多历年单据中进行搜索，且汇总耗时耗力。缺乏有效的机制进行监管，驱动力和执行力不足，造成企业内部各部门之间联系不够紧密。在薪资发放过程存在不公开透明现象等。

在经济高速发展的时代，人们需要一种实现薪酬管理业务信息化、过程操作一体化的薪酬管理软件来管理薪资发放业务。

4.1.2　确定业务目标

业务目标又称为业务前景，是对要建设的系统的展望。客户立项准备开发一个软件系统，一定会对这个系统有明确的展望，即建设系统的目的是什么、准备用来做什么。业务目标非常重要，在定义边界一章中会看到，边界正是基于业务目标来定义的。

投资构建系统的原因，以及这样做利益相关者会从业务中得到什么，这些都可帮助确定业务目标。对于业务目标，首先应该知道的是，关于业务的所有决定都由这个目标驱动，因此，可将业务目标作为最高层次的需求，且所有后续收集的详细需求必须为实现该目标做出积极贡献。

在项目启动阶段，这个目标应该用清晰、无歧义和可度量的方式记录下来，将项目的效益量化。这种量化让目标可测试。

怎样才能清晰地说明目标，这要从一份用户问题或项目背景的描述开始。项目启动小组必须熟悉掌握项目的业务问题，这样才能从中发现需求，并为问题的解决做出最大贡献。上一小节已经简单介绍了"薪酬管理项目"的背景信息，这些信息就是理解和分析业务问题的基础。

一旦清晰地理解了业务问题，就知道该如何解决问题，即找出业务目标。从"目标、效益、标准"三方面寻找合适的项目目标。

目标：问题是手工整理薪资表容易出错，且效率较低。这个问题的一个解决方案是不再采用手工整理文件的管理方式，将薪资信息共享化，缩短文档整理时间。因此，业务目标可以写成："利用薪酬管理软件系统平台，下载/上传考勤记录、审批月度薪资表等。"

业务目标不仅仅是要解决问题，还要提供业务上的效益。如果存在这种效益，就必须能够被度量。

效益：缩短文档整理时间。

标准：这个效益是否可度量？答案是"是"。系统的成功可通过文档整理时间的减少来度量。

因此，度量标准可以这样写："使用系统后，文档整理时间差要大于5天。"

该目标是否可行？让关键利益相关者参加需求调研的一个原因就是回答诸如此类的问题。有一个利益相关者是综合管理部的办事员。综合管理部办事员证明了文档整理时间是可以缩短的，期望的结果是切实可行的。

该目标是否能达到？代表系统设计者、构建者的技术专家的利益相关者让项目启动会议的参加者相信，技术是可获得或可建造的。

但是，如果不能清楚地知道系统打算做什么，不知道怎样度量系统的成功，就不可能构造出正确的系统。

一般都会根据对业务概况的了解来整理业务目标。业务目标大部分情况下是由客户提出，在招标书里一般都有相关的描述。当然也可以由开发方整理得出。了解薪酬管理的业务流程和项目背景后，就能勾勒出这样一个薪酬管理软件系统：

员工可以查看自己的考勤记录以及薪资单；能够在考勤或薪资出现异常的时候进行申诉。上级领导可以查看下级的薪资情况。部门经理可以审核下属员工的考勤和薪资申诉。总经理和董事长可以查看各部门薪资汇总情况；可以对月度薪资表进行审核。财务部可以审核月度薪资表；能够在月度薪资表审核完成后发放薪资。综合管理部可以审核考勤和薪资申诉；可以修改考勤记录及薪资表；可以维护员工信息及薪资等级表等相关表单等。

业务目标大部分情况下是由客户提出，当然也可以由开发方整理得出。在薪酬管理案例中可得到一些业务目标：

（1）实现工资管理业务信息化。

（2）规范工资管理。

在很多项目里业务目标仅在项目启动的过程中使用，最多在分析业务范围时起一点参考作用，很少有人用业务范围来进行设计分析。在这本书所介绍方法里，业务目标是进行分析的第一步，从需求开始，所有的工作都由业务目标开始推导。

案例&知识：

老余是某生产企业的信息主管，有一次他们的老总到国外考察归来之后给他下了一个任务：全面提升企业的信息化水平，达到国内领先水平。并且承诺是要人给人、要钱给钱。

面对这样的目标，老余是一筹莫展。在一次朋友的闲聊中笔者给他了一个建议：你应该先问问你们老总这次考察的见闻。

几天之后老余又找到了我，兴奋地告诉我说他找到目标了。原来他们老总在这次考察的企业中，有两件事给他留下了深刻的印象：该企业通过信息系统实现了原配件采购的透明化（实现了信息系统对接，企业可以随时了解原配件到厂的时间）和较低的废品率。

有了这样的信息之后，老余就可以聚焦于这两个问题，对它进行分析就可以找到适合的范围了。

在初步了解业务目标以后，接下来的工作就是找出项目范围内的利益相关者。

4.2　分析涉众

在了解了业务概况和业务目标后，需求分析人员首先要做的事情不是去了解业务的细节，而是发现与这个目标相关的人或事。英文把相关的人或事称为 Stakeholder。在本书中给出另一个名字：涉众。

涉众是与要建设的业务系统相关的一切人和事。首先要明确的一点是，涉众不等于用户，通常意义上的用户是指系统的使用者，而这仅是涉众中的一部分。如何理解与业务系统相关的一切人和事呢？凡是与这个项目有利益关系的人和事都是涉众，都可能对系统建设造成影响。

案例&知识：

例如，修建一条公路，它预期的使用者是广大的司机，监管方是交通管理局，出资方是国家财政，发展商是某某公司，建筑商是某某工程公司等。显然他们都与此项目有利益关系，都是涉众。这些都好理解。但是在某些情况下，看似与公路完全无关的一些人和事却会成为重要涉众。例如当公路修建需要搬迁居民时，被搬迁的居民就成为重要的涉众；当公路规划遇到历史建筑时，文物管理局就成为重要的涉众。

虽然软件项目开发与修建公路相比涉及的人和事要少得多，但是也不能忽略系统使用者

之外的其他涉众。另外，当面对一个陌生的问题领域时，往往在项目初期还不能够清楚地获悉究竟谁是系统的使用者，通常得随着需求的逐步深入明确，最终的系统使用者将从涉众当中产生，因此涉众分析显得尤为重要。

4.2.1 如何找出项目中的涉众

涉众不等于用户，通常意义上的用户是指系统的使用者，只要有利益关系的人或事都是涉众，都可能对系统建设造成影响，这一点将会贯穿本书始末。

很多涉众是系统的用户。由于直接和系统的定义、使用有关，这些涉众的期望相对容易被考虑到。相反，有些涉众仅仅是系统的间接用户，或只是受到系统商业结果的影响，这些涉众可在商业系统内部或特殊应用环境的周围找到。在部分例子中，有些涉众甚至不在应用环境中。例如，在系统的开发过程中涉及到的人或组织、转包商、客户的客户、一些管理机构，如美国联邦飞行管理局（FAA）或食品药品监督管理局（FDA）、其他与系统或开发过程有交互的机构。这些利益相关者的每一类都成为系统的需求来源，或以某种方式涉及系统的结果。

确定项目的涉众有助于获得更多的关键需求，我们可通过 8 个大类寻找软件项目的涉众：

1. 业　　主

业主是系统建设的出资方、投资者。虽然大多数情况下业主指的就是系统的需求提出者和使用者，即业务方，但并不是绝对的。比如可以假设系统建设是由国家国际风险投资机构投资的，本身并不管理和运营这个系统，只是从资本上拥有这个系统并从运营收入中获得回报。

即使业主与业务主是重合的，但是业主从概念上讲并不等于业务方，他们关心的内容是不一样的。了解业主的期望是必需的和重要的，业主的资金是这个项目存在的原因。若系统建设不符合业主的期望，导致其撤回投资，那么再好的愿望也是空洞的。

一般来说，业主关心的是建设成本、建设周期以及建成后的效益。虽然这些看上去与系统需求没什么大的关系，但是，建设成本、建设周期将直接影响到可采用的技术，可选用的软件架构，可承受的系统范围。一个不能达到业主成本和周期要求的项目是一个失败的项目。同样，一个达到了业主成本和周期要求，但却没有赚到钱的项目仍然是一个失败的项目。

2. 业务提出者

业务提出者是业务范围、模式和规则的制定者，一般指业务方的高层人物，如 CEO、高级经理等。业务提出者最关心项目建设带来的社会影响、效率提升、管理改进、成本节约等宏观效果。也就是说，业务提出者只关心统计意义而不关心具体细节，但是如果开发的系统不能给出业务提出者满意的统计结果，这必定是一个失败的项目。

实际上，由于业务提出者的期望是非常原则化和粗略化的，因此留给了系统开发者很大的调整空间和规避风险的余地。

3. 业务管理者

业务管理者是指实际管理和监督业务执行的人员，一般指中层干部。业务管理者起到将业务提出者的意志付诸实施，并监督底层员工工作的作用。

业务管理者关心系统将如何实现自己的管理职能，如何能方便地得知业务执行情况，如何下达指令、如何得到反馈、如何评估结果等。业务管理者的期望相对比较细节，是需求调研过程中最重要的需求来源。

4. 业务执行者

业务执行者是指底层的业务操作人员，是与将来的系统直接交互最多的人员。业务执行者最关心的内容是系统会带来什么样的方便，会怎样改变业务操作人员的工作模式。业务执行者的需求最为细节，系统界面风格、操作方式、数据展现方式、录入方式、业务细节都需要从业务操作人员这里了解。

这类人员的期望灵活性最大，也最容易说服和妥协。同时业务执行者的期望又往往是最不统一的。但是不管业务执行者的期望有多不统一，都必须服从业务管理者的期望。所以，需求分析人员要做的事情就是从业务执行者的各种期望中找出具有普遍意义，解决大部分利益相关者的期望。

5. 第三方

第三方是指与这项业务有关系的，但并非业务方的其他人或事。比如购物网站系统，如果交易双方是通过网上银行支付交易的，则网上银行就成为购物网站系统的一个利益相关者。

一般来说，第三方的期望对系统来说不会产生什么决定性影响，但大多会成为系统的一个约束。通常，在最终系统中，这些期望将体现为标准、协议或接口。

6. 承建方

实际上，承建方的期望也是不容忽视的。承建方的期望将很大程度上影响一个项目的运作模式、技术选择、架构建立和范围确定。

案例&知识：

例如，如果老板试图通过一个项目打开和培育一个新兴市场，那么需求分析员就需要尽可能深入地挖掘潜在业务。反之，老板如果只是想通过这个项目赚更多的钱，那么需求分析员就需要引导业务方压缩业务范围。这样一来，可能仅仅考虑系统的可维护性是否能够被接受，而较少考虑系统扩展能力。

7. 相关的法律法规

相关的法律法规是一个很重要的，但也最容易被忽视的利益相关者。这里的法律法规，既指国家和地方法律法规，也指行业规范和标准。

案例&知识：

例如，服务行业建立客户档案，就必须保障客户的隐私权，系统设计时，就不能将涉及隐私的信息向非授权用户开放。

---

8. 用　户

这里的用户是指预期的系统使用者。每一个用户将来都可能是系统中的一个角色，是实实在在参与系统的，需要编程来实现。而上述的其他利益相关者，则有可能只是在需求阶段用来分析系统，最终并不与系统直接交互。在建模过程中，概念模型的建立和系统模型的建立都只从用户开始分析，而不再理会其他的利益相关者。

最后，关于涉众的最大问题是，如果没有找齐所有关键的涉众，或者在需求收集过程中把某些涉众排除在外，就可能会遗漏一些需求。

从上文提到的几个大类中寻找涉众。一些组织机构或人员与"薪酬管理项目"是有利益关系的：

综合管理部是对考勤记录、月度薪资表、员工信息、薪资规则等进行管理维护的部门，确保业务流程中用到的各个单据可以顺利准确地生成；财务部是审核月度薪资表，并将月度薪资表以银行所需的形式呈交给银行的部门，作为公司与银行之间的桥梁，是薪资发放流程的重要环节；银行不会使用薪酬管理系统，但是作为薪资发放的最后一个环节，系统需要根据银行定义的格式产生指定的文件，所以银行也应作为系统的涉众之一；公司部门经理、总经理、董事长作为各个审核流程的关键环节，确保了业务流程能够正确实施，此外，他们还需要通过系统掌握各部门或公司整体的薪资情况；普通员工可以查看自己的薪资及考勤情况，保证了系统的公开透明，还可以对异常情况进行申诉，减少了系统出错的几率。

这些组织机构或人员都参与了薪酬管理的业务建设，对系统的建设有不同角度的期望。这些期望是建设系统的重要分析来源。发现项目中的涉众之后，就可以着手进行涉众分析报告的编写了。

4.2.2　涉众分析报告

系统分析员对项目范围内的涉众进行调查和访谈，形成涉众分析报告，对于系统建设影响很小的涉众可以忽略。为了展示如何编写涉众分析报告，本书以薪酬管理系统的一部分作为案例，需求分析人员可以通过这些案例学习如何编写涉众分析报告。

下面要介绍的涉众分析报告主要包括涉众期望和涉众简档两个部分。

1. 涉众期望

每个涉众都要有其对应的涉众期望，首先要为每个期望编号，然后说明涉众期望的内容以及该条期望的优先级。本案例中的涉众概要示例仅为示例之用，可能实际情况要比这复杂得多。在实际项目中，涉众期望是非常重要的内容，值得需求分析人员花大力气去研究。系统成功的标志就是满足涉众的期望，而涉众期望为将来的需求收集指明了方向。

涉众期望可以通过客户的岗位手册以及业务手册等相关文件获得，也可经过与客户访谈而获取。在进行涉众分析时，最重要的是准确描述涉众情况和他们对系统建设的期望，而不是进入业务细节！编写涉众分析报告是一个不断完善的过程。可能一开始涉众信息并不充足，但是，可以在任何时候对涉众分析报告进行补充和完善，使其始终处于被维护状态。

本书采用表格形式来编写涉众期望，示例为综合管理部的涉众期望，如图 4-1 所示。

综合管理部涉众期望

涉众期望列表

⊕ 新增期望   ⊖ 删除期望   ⬆ 上移   ⬇ 下移

0	A 编号	B 涉众期望	C 期望优先级
1	W_1	自动统计每月薪资表	★★★★★
2	W_2	管理维护薪资表	★★★★☆
3	W_3	管理维护考勤记录	★★★★☆
4	W_4	制定薪资表生成规则	★★★☆☆
5	W_5	审批流程自动化	★★★☆☆

图 4-1　综合管理部涉众期望

从图 4-1 可以看出涉众期望与需求是不同的。实际上涉众期望并不是需求，它们只是涉众对将来系统的一些"期望"，这些期望有的需要通过一系列的系统功能实现，有的需要特殊的设计，有的不需要实际的编码。但是无论如何，一个系统成功与否，最重要的评判标准不在于其技术的先进性；不在于其设计的优良性；不在于其性能的高效性；也不在于其界面的华丽性。这些的确都很重要，但是最重要的还是满足涉众的期望。只有满足了涉众的期望，才能赢得客户满意度。

面对众多涉众和这么多的涉众期望，该什么时候，花多少时间和精力调研哪个涉众以及涉众期望？涉众分析报告中，总有一些是业务核心成员，他们的期望对于系统建设有着至关重要的作用，这些期望决定了整个需求框架。因此应该划分出涉众的需求调研优先级，同时也将涉众期望按在现实世界中的重要程度划分出优先级。最重要的涉众的最重要期望应当由最有经验的系统分析员负责调研，最早开始，并投入最多的时间和精力。而那些调研优先级比较低，对系统建设没有太大影响的涉众和涉众期望就可较晚开始，投入较少的时间和精力。

如何划分优先级？作者用现在很常见的星级来对期望优先级进行划分。可以采用一星级、二星级、三星级、四星级、五星级来标识优先级，星级越大表示优先级越高，涉众期望优先级应从涉众的重要程度和期望的重要程度综合考虑来进行划分。

涉众期望优先级标准：

（1）高优先级：缺少该期望，业务流程将不能正常运转。

（2）普通优先级：缺少该期望，业务流程将不能完成某些特定目标或不能顺畅运转。

（3）低优先级：该期望是一些边缘业务。即使缺少该期望，业务流程也能顺利运转。

2. 涉众简档

上面的涉众期望说明了涉众的主要期望，而涉众简档则是要描述涉众在系统中承担的责任，以及涉众在系统中的成功标准。与涉众概要不同的是，涉众简档应着重描述涉众在其业务岗位上的职责以及完成职责的标准。涉众简档将为下一章的业务建模指明方向，系统分析员和需求分析人员应该找谁，从什么方面，了解哪些业务。

从涉众概要中抽取一个涉众并为其编写涉众简档，每个涉众都需要编写一份涉众简档，采用表格形式来说明，示例如表4-1所示。

表4-1　综合管理部涉众简档

涉众	SH001 综合管理部
涉众代表	XX 公司综合管理部彭部长
特点	系统预期使用者，应具备一定的计算机操作水平，可培训
职责	按照制度制定工资计算规则、考勤制度等； 审核考勤异常修改申请； 审核工资异常修改申请； 管理员工信息； 制作月度薪资表
成功标准	按照规则制度成功维护考勤管理制度、薪资等级制度； 按要求自动编制月度薪资表； 可以管理维护员工信息； 能够审核考勤异常及工资异常，审核通过后相关数据自动做出修改
参与	业务需求的主要提供者，参与业务需求的研讨和评审
可交付工件	月度薪资表、考勤异常审核结果、薪资异常审核结果
意见/问题	无

上面的涉众在原业务系统中担任的职责信息可以从客户的岗位手册或其他资料中获取，也可以通过访谈获得。涉众简档应当持续维护，最重要的是维护涉众的岗位职责以及在系统建设过程中的参与内容和可交付工件的清单。

通过这些表格的制作，不但为将来业务建模提供了最重要的信息来源，并使这些涉众参与到系统建设过程中来。另一方面，对于系统建设来说，岗位职责调整、业务结构变化通常对系统有巨大影响，持续维护这些信息对于管理需求变更有很大意义。

4.3 小 结

高质量的需求是一个项目成功的有力保证，因此获取需求就成了需求活动关键的一环。而获取需求前的准备工作又为需求的获取提供了很重要的信息输入，制定出一个好的需求调研计划显得尤为重要。

本章通过了解业务概况确定业务目标，而业务目标也是找出涉众和业务范围切入点。一个项目中将会有很多业务目标和涉众期望，在结合项目实际即项目周期、成本、可行性分析等许多因素的情况下，我们不可能满足所有的要求，因此应对业务范围进行适当的调整。在进行需求调研前，面对如此多的涉众和涉众期望，该什么时候调研，调研哪些人是一个很重要的问题。涉众分析报告中总有一些起着决定系统开发成败作用的核心人员，需求调研时应先调研这些核心人员的核心期望，这样才能得到一个高质量的需求调研。

在下一章我们将要探讨如何使用本章需求获取的成果来进行业务建模。

5　业务建模

在获取需求后，我们进入需求工程的下一阶段：业务建模。在业务建模阶段，我们需要对获取的需求进行详细分析，形成业务对象、业务边界、业务角色、业务用例、业务场景以及业务情景。这些都是站在业务的角度分析得来，那么接下来我们就开始分析上述业务建模的各个阶段。

5.1　映射业务对象

什么是业务对象呢？业务对象是需求中收集到的所有单据的初步映射，主要展示出核心信息即可，它是后续建模过程实体推导及最终数据库表的源头。

5.1.1　如何提取业务对象

在提取业务对象之前，我们需要对在需求获取阶段调研得到所有业务表单进行筛选。选出与实际业务相关的表单，表单涉及到的数据即为它们初步映射出的业务对象。

需要注意的是，在这一过程中不用关心业务对象的设计规范，表是什么样的我们就设计成什么样的。

5.1.2　提取业务对象实例

那么，在薪酬管理系统中是如何提取业务对象的呢？让我们先按照与实际业务的相关性对需求获取阶段得到的表单进行筛选，筛选出工资表、考勤表、岗位等级、员工信息表等业务相关的表。

接下来我们以工资表为例，进行具体描述。

序	部门	工号	姓名	银行卡号	邮箱	是否已发送	级别	定级工资	基础工资	岗位等级工资	管理津贴
1	综合管理办	201407100040	张三			否		4,000.00	1,500.00	2,300.00	

序	部门	工号	姓名	银行卡号	保密费	岗位绩效	项目绩效	午餐补贴	住房补贴	电脑补贴	其他补贴	工资总额
1	综合管理办	201407100040	张三		200.00			170.00				4,170.00

序	部门	工号	姓名	银行卡号	五险	公积金	请假扣除	补扣五险一金	其他	扣减合计	应发工资总额
1	综合管理办	201407100040	张三		343.20	612.00				955.20	3,214.80

序	部门	工号	姓名	银行卡号	其他	扣减合计	应发工资总额	应纳税所得额	个人所得税额	实发工资总额	所属银行
1	综合管理办	201407100040	张三			955.20	3,214.80	—	—	3,214.80	

图 5-1　工资表

图 5-1 为公司某员工 6 月份工资表。填入业务对象的效果如图 5-2 业务实体要素表所示。

	A	B
0	要素名	备注
1	部门	
2	工号	员工工号（年月日+100+员工排序号，如201807100315）
3	姓名	
4	银行卡号	
5	邮箱	姓.名@163.com(如：zhang.shuai@163.com)
6	是否已发送	
7	级别	
8	定级工资	基础工资+岗位等级工资+管理津贴（若有）+保密费+岗位绩效（若有）
9	基础工资	固定
10	岗位等级工资	
11	管理津贴	管理层具有
12	保密费	
13	岗位绩效	管理层具有
14	项目绩效	
15	午餐补贴	每天补助固定
16	住房补贴	应届毕业生转正后一年内补助，若住公司宿舍则没有
17	电脑补贴	
18	其他补贴	证书之类的
19	工资总额	从第9行到第18行的和
20	五险	
21	公积金	
22	请假扣除	事假：定级工资/该月应上班天数*请假天数病假：定级工资/该月应上班天数*请假天数*30%矿工：定级工资/该月应上班天数*矿工天数*300%受公司处罚新入职员工本月入职前未出勤扣款代扣五险一金其他
23	补扣五险一金	
24	其他	迟到、早退（半小时内第一次扣减50元，之后每次迟到早退都按照当月上一次的基数*2。如第二次迟到则扣除50*2=100。第三次迟到扣出100*2=200）
25	扣减合计	五险+公积金+请假扣出+补扣五险一金（若有）+其他
26	应发工资总额	工资总额-扣减合计
27	应纳税所得额	按国家税收政策规定
28	个人所得额税	根据公式计算
29	实发工资总额	应发工资总额-个税
30	所属银行	例如，工行

图 5-2　业务实体要素表

要素名即为工资表的列名,备注是对要素的补充说明,这就要求我们在需求调研阶段对每张表单的具体内容进行详细了解。愈加详尽而具体的描述愈能减少在后期推导概念实体、数据库表以及设计工程阶段因沟通不足造成的成本增加。

5.2 定义业务边界

在第 4 章中我们介绍了业务目标的概念。边界是根据业务目标划分的。业务目标粒度小,则对应一个业务边界;业务目标粒度大,则可能对应多个边界。边界对于发现业务主角、业务用例具有重要的推导作用。

5.2.1 如何划分边界

在业务目标与业务边界的一对一关系中,首先要明确的是,最后谁会直接使用系统,这个业务目标是为谁服务的。他们对系统有明确的期望和目的,即希望系统能为他们做什么,而实现此业务目标就是为了满足他们的期望。对系统有明确期望和目的的涉众站在边界之外,与实现这个业务目标有关的其他涉众站在边界内。边界决定了系统首要的问题是满足边界外涉众的需求。反之,边界内的涉众提出的期望也都是用来满足边界外涉众的期望。

一个项目包括至少一个业务目标,不同业务目标可以划分出不同的边界,把这些业务目标汇集起来,就表示已经达到系统建设的目的。

5.2.2 边界划分实例

业务边界划分依据之前定义的业务目标。边界的大小往往难以界定,根据实际情况的不同,粒度的大小往往不同。那么在薪酬管理项目中我们应该如何进行业务边界的划分呢?

	A	B	C
0	编号	业务目标	主要内容
1	T1	实现薪酬管理业务信息化	实现考勤、薪资的审核信息化
2	T2	规范薪酬管理	实现考勤信息、薪资统计的自动录入;实现所有员工可查看本人(及下属员工)的薪资记录;实现所有员工可查看本人的考勤记录。

图 5-3 业务目标

以业务目标"实现工资管理业务信息化"为例,有综合管理部主管、财务部出纳、财务部主管、总经理、董事长、银行等成员参与业务目标的实现。他们对此业务目标有着明确的期望和目的。业务目标的粒度划分遵循两个原则:一是划分的实例能够形成闭环;二是实例的维度和大小一致。该业务目标的粒度恰好可以划分为一个边界，据业务调研可得知上述角色站在边界之外，我们称站在业务边界之外的角色叫业务主角，银行属于被动执行的一方，站在边界之内，站在边界内的角色为业务工人，他们共同实现业务目标"实现工资管理业务信息化"。

因此可以分析得出具体的薪酬管理业务边界视图，如图 5-4 所示：

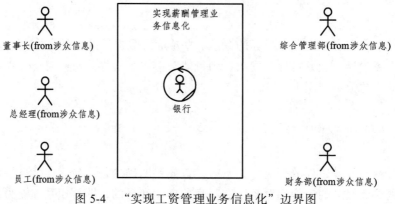

图 5-4 "实现工资管理业务信息化"边界图

5.3 获取业务角色

业务角色在整个需求工程中承担着非常重要的作用，在业务建模阶段除了业务对象都会引用业务角色，因此我们要结合涉众信息以及获取的需求非常仔细地分析演化出业务角色。

5.3.1 如何演化业务角色

边界一旦定义，则在边界外与该边界有利益关系的一切东西，不管是人是物还是系统，都是业务主角。而这些业务主角就可以向这个边界所代表的系统提出期望，这些期望将形成一个个业务用例。业务工人处于边界内，辅助业务主角共同实现业务目标。业务主角和业务工人最直观的的区别就是业务主角具有主动性，而业务工人是被动的参与，业务主角和业务工人统称为业务角色。

边界不同，涉众在其中充当的角色就不同，在某个边界中是业务工人，在另一个边界中就有可能变成业务主角，只有那些直接与系统进行交互的涉众才真正被称为业务主角。

5.3.2 业务角色演化实例

对于薪酬管理业务，边界之外的涉众包括财务部主管、财务部出纳、综合管理部主管等即为业务主角。边界内的银行角色辅助业务主角们共同完成薪酬管理业务，因为银行是被动参与的，所以银行是业务工人。具体情况如图 5-5 所示。

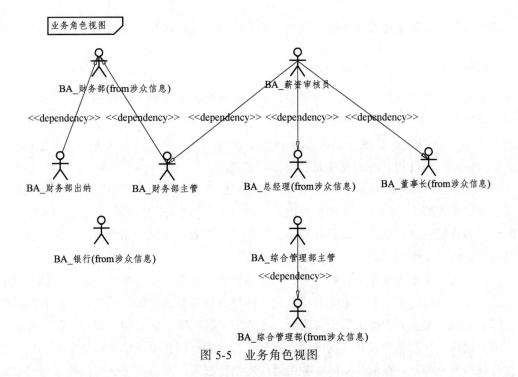

图 5-5 业务角色视图

讨论一：

业务角色与涉众的区别在于：第一，涉众是与业务相关的利益人员而业务角色是指在现实世界中参与整个业务活动的人员；第二，来源范围不同：涉众包含业务提出者、业务管理者、业务执行者、第三方、承建方等（涉众并不一定是人，也可能是相关机构和相关法律法规），而业务角色则是与业务领域问题直接相关的人。第三，业务角色也是涉众的一部分。

案例&知识：

例如，薪酬管理中的涉众有综合管理部，但是在业务角色中不包含综合管理部，而将其演化为综合管理部主管。综合管理部和综合管理部主管为代理（泛化）关系。

从对象关系上来说，综合管理部包含综合管理部主管。

从业务上理解，代理在现实生活中可以找到很多例子。例如律师代理委托人处理法律事务，主张和利益一定是来自委托人自己的，律师并不能擅自做主，但是具体的操作过程则由律师来决定，委托人可能完全不参与业务本身。而在我们的业务中关于综合管理部的相关业务均为综合管理部主管在执行，所以综合管理部并不是业务角色。

在寻找业务角色过程中，涉众分析报告是很重要的分析来源，一般来说业务角色通常可以从涉众分析当中获得。业务角色一旦决定代理哪个涉众，就一定要受到涉众期望的制约。

虽然业务角色不能够逾越或改变涉众期望，但是能够自行决定实现涉众期望的过程。

讨论二：

业务角色，之所以加上业务二字，是因为业务角色确实区别于系统用户。系统用户是系统的实际操作者，它可以是一个逻辑的名称，也可以是某种系统角色。在系统中，系统用户通常都有 ID，系统会为其建立会话（Session），系统用户有存在范围（Scope），也有生命周期（Duration）。系统用户在系统中是需要编程实现的。

但业务角色是用来分析业务的，它可能会也可能不会转化成一个系统用户。本案例中的银行和综合管理部主管就是一个明显的例子。银行不参与实际的薪酬管理系统的操作，所以不能转化为系统用户。反之，综合管理部主管参与薪资表的审批等系统操作，故综合管理部主管可以转化为系统用户。

另一方面，业务角色用于分析业务，而业务分析的结果是要与客户交流并达成共识的，因此业务角色不应当被过分抽象化和虚拟化，即便有增强系统扩展性的理由，业务角色也应当能够映射到现实业务中的工作岗位设置、工作职责说明等，并且使用客户习惯的业务术语来命名。这将使你与客户有着共同的语言，便于客户理解而获得正确的业务需求。如果客户不能理解一个业务角色在他的实际业务中对应的是什么工作岗位，那么得到的业务需求很可能就是不符合实际情况的。

5.4 建设业务用例视图

在建设业务用例阶段，我们要分析出每个角色在薪酬管理项目中需要做什么、能够做什么，并且为之后分析业务情景、业务场景打好基础。

5.4.1 如何获取业务用例

业务主角站在边界之外，代表了所有涉众的利益。他们对系统提出的期望就是一个个业务用例，即为了完成业务目标，业务角色要做这件事，完成后就能得到什么；要做哪件事，完成后就可以达到什么目的。业务用例是由业务边界推导而来的静态场景视图。

获取业务用例的方法有很多，例如岗位手册、业务流程指南、职务说明，以及需求调研的成果物涉众分析报告，它为业务建模阶段提供了很重要的信息输入。根据涉众分析报告，可以很清楚地知道各个业务主角的期望是什么。

5.4.2 业务用例获取实例

在薪酬管理项目中，对于薪酬管理业务边界，可得到如图 5-6 所示的业务用例视图。

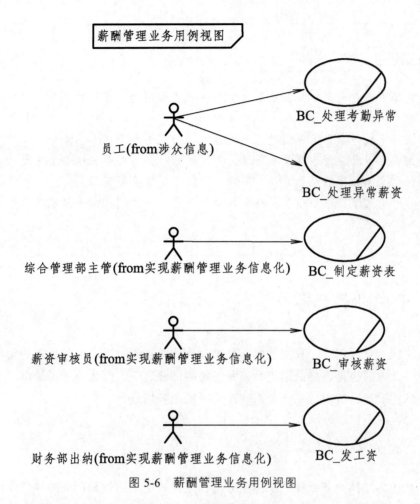

图 5-6 薪酬管理业务用例视图

此视图描述了薪酬管理中各业务角色在根据业务目标"实现工资管理业务信息化"划分的边界内各自要做的事情，每件事即为一个业务用例。在图 5-5 中薪资审核员要审核薪资，但在业务角色视图中，我们将薪资审核员规划为总经理、财务部主管、董事长的代理。所以，其实际审核薪资的人为上述三者。

我们从以下两点对业务用例做进一步讨论：

讨论一：

划分业务用例的难点在于对用例粒度的把握。并非越多越好，也不是越少越好。越多表明用例调研的粒度过细，会造成步骤和功能的混淆，把步骤当成用例；越少表明需求调研不够仔细，模糊性太多。所以一个项目的用例数量需要把握，大致掌握在 10~50 个之间为宜。

用例的粒度以能够完整说明一件事情为宜，即一个用例可以描述一个完整的业务流程。例如：去银行取款就是一个业务用例，但是插卡、输密码等操作都是步骤，它们的目的都是取款。

案例&知识：

例如，在图 5-6 中所展示的薪资审核员审核薪资的用例，其目的是为了审核薪资。而其具体步骤为：

（1）总经理审核薪资表是否通过，不通过则打回到综合管理部主管处。

（2）通过则财务部主管审核是否通过，不通过则打回到综合管理部主管处。

（3）通过则董事长审核是否通过，不通过则打回到综合管理部主管处。

上述步骤都是为了实现审核薪资这个目的，但在业务用例视图中只需说明审核薪资，而不必详细拆分。

5.5　汇总业务场景

在分析完成业务用例后，我们就可以开始分析业务场景阶段，业务场景的动作元素由业务用例产生。此阶段也是客户最期望看到并了解的部分之一，因为业务场景可以清晰明了地反映出业务的主要运行流程。那么我们就开始分析业务场景。

5.5.1　业务场景构造方法

业务场景应为总体业务流程。总体业务流程是由一个个用例和用例的执行角色按照业务的发展顺序结合各种判断、流程的扭转拼接而成。在构造业务场景时只需要分析主要的业务流程，次要的业务流程可以不必绘制。

构建业务场景时，将实际过程中的业务参与者作为活动图的泳道，将参与者所完成的工作作为活动，依据实际业务流程中的执行顺序将这些活动连接起来就构成了一个活动图。

场景描述过程中，有时还需添加一些文字描述对活动图进行细节性说明，这样更能体现该业务的实际执行情况。我们用业务用例规约对活动图进行文字补充，包括前置条件、后置条件、主过程描述、业务规则、业务实体等部分。另外，业务用例规约是在分析过程中逐渐形成的，有的内容如业务规则、业务实体的描述可能是一个不断完善的过程。

5.5.2　业务场景构造案例

那么，薪酬管理的总体流程又是什么呢？图 5-7 所示为薪酬管理业务的业务场景视图。

业务场景视图中所有的动作都来源于用例，确保了用例图中的用例与业务流程内的动作一一对应；解决了在分析需求时，不清楚如何绘画业务流程图的情况，只要用例图绘画完成就可以生成业务流程图；通过绘画业务流程图，可以确保所有用例的粒度一致，不会出现某角色关联的用例过大或过小的情况。

通过业务场景视图可以判断是否符合真实的业务场景。主要判断方法如下：

（1）代表角色的泳道内部动作是否有多余？

（2）代表角色的泳道内部动作是否有不足？

（3）代表角色的泳道内部动作是否超出其职能范围？

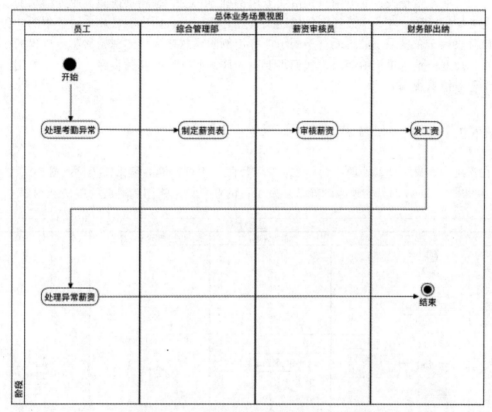

图 5-7　业务场景视图

例如：在自动生成业务场景视图后我们发现员工泳道内包含发工资的动作，这明显是超出其职能范围的，不符合真实的业务场景。出现类似错误就说明我们在业务用例的划分上出现了问题。正向业务用例与业务场景的动作一一对应，反向业务场景不真实可以追溯到用例划分不准确。在某种程度上体现了方法论正向可推导，反向可追溯的特点。

还有一种上图没有展示出来的情况，某些情况下会出现异常结束。例如张三在 ATM 机取钱，ATM 机余额不足，张三无法取出足够金额。这种情况属于业务流程的异常结束。

5.6　细化业务情景

在分析完业务场景之后，我们的总体流程图虽然绘制完毕，但是更加细节的步骤还需要继续分析，我们需要将业务场景中的每个动作背后更细粒度的运行步骤分析出来，也就是说每个角色的业务用例都有一个业务情景描述它。

5.6.1　业务情景建模

什么是业务情景呢？业务情景是由业务用例推导来的动态场景视图。业务情景的展现形式与业务场景一致，业务情景视图是描述某个业务用例的具体步骤。业务情景中的动作在业务建模阶段属于粒度最小的单元。不同于业务用例阶段忽略步骤体现完整业务流程的粒度划分方法，在业务情景中恰恰相反，我们需要一个详细而准确的业务步骤。每个业务用例都对应一个业务情景视图。

5.6.2　业务情景建模案例

在该例中，我们只以处理考勤异常、发工资两个用例推导的情景图为例。图 5-8、图 5-9、图 5-10 和图 5-11 分别为处理考勤异常、发工资的业务情景视图和对应的用例规约。

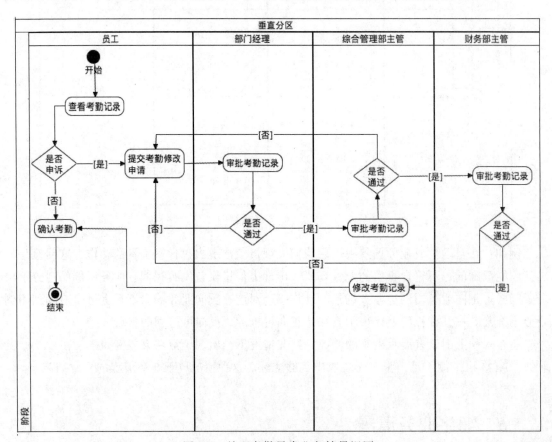

图 5-8　处理考勤异常业务情景视图

	A	B	C	D
0	业务情景名称	BSA_处理考勤异常	测试用例编号	
1	用例描述	员工查看考勤记录后若发现考勤记录存在异常，可以提交考勤变更申请，申请审批后会更改相应考勤记录。		
2	执行角色	员工,部门经理,财务部主管,综合管理部主管		
3	前置条件			
4	后置条件	制定薪资表		
5	主过程描述	1、员工在月初查看自己上月考勤记录。 2、若考勤记录未发现异常，进入分支过程描述2.1,若发现异常，填写考勤记录更申请表并呈交给部门经理进行审核。 3、部门经理对考勤记录变更申请进行审批，若审批不通过则执行分支过程条若通过则进行主过程4。 4、综合管理部主管对考勤记录变更申请进行审批，若审批不通过则执行分支件3.1,若通过则进行主过程5。 5、财务部主管对考勤记录变更申请进行审批，若审批不通过则执行分支过程1,若通过本业务情景结束。		
6	分支过程描述	2.1、若员工查看考勤表后未发现异常，则此业务用例规约结束。 3.1、审批不通过，打回员工处令其重新填写考勤变更申请。		
7	异常过程描述	无		
8	业务规则	无		
9	涉及的业务实体	考勤表,员工信息表,考勤修改申请表		
10	注释和说明	无		

图 5-9　处理考勤异常用例规约

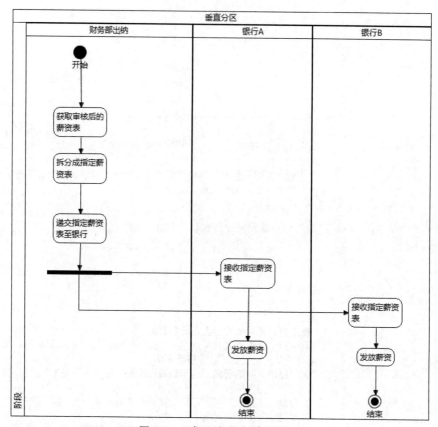

图 5-10　发工资业务情景视图

	A	B	C	D
0	业务情景名称	BSA_发工资	测试用例编号	
1	用例描述	根据审核后的薪资表发放薪资		
2	执行角色	财务部出纳,银行		
3	前置条件	审核薪资		
4	后置条件	处理异常薪资		
5	主过程描述	1、财务部出纳根据审核后的薪资表及员工信息将工资发放信息呈交给银行 2、银行根据工资发放表将工资发放到员工银行卡中		
6	分支过程描述	1.发工资方式 2.财务部出纳全额发放现金 3.财务部出纳进行递交薪资表到银行，银行全额网上汇款 4.财务部发放部分现金，银行部分汇款		
7	异常过程描述	无		
8	业务规则	无		
9	涉及的业务实体	薪资表,员工信息表,银行指定薪资表		
10	注释和说明	无		

图 5-11　发工资用例规约

图 5-9 和图 5-11 两份用例规约详尽描述了其对应的情景图。"执行角色"规定了其对应执行者，"前置条件"说明了执行该业务情景前必须先执行什么，"后置条件"说明了执行完该情景后需要执行什么。"前置条件""后置条件"均从业务用例中选择，"业务规则"对该情景进行了更加详细的介绍和约束，"涉及的业务实体"为该业务情景会涉及的业务实体，业务实体从业务对象中选择。

5.7　小　结

业务建模的难度在于对粒度的掌控，需要对需求的各方面都有清晰的认知，最重要的是明确各人员在业务中最想要做什么，知道了这些我们才能分析出业务用例和业务场景；然后我们才会继续向下分析具体是怎么做的，也就是业务情景。在分析完业务建模后，我们已经对需求有了更明确直观的了解。

业务建模是从现实世界出发的，而下一章的系统建模则是从计算机的角度描述了业务主角的活动过程。

6　系统建模

我们经过对业务的建模之后，知道了业务建模阶段主要是对一个项目从业务层面来进行分析。这样，大致了解业务建模之后，我们要思考的一个问题就是怎样把业务的执行过程转化成系统相关的执行过程。本章就为大家带来详细的系统建模介绍。

6.1　获取概念实体

什么是概念实体呢？概念实体是由需求中收集到的单据报表初步映射成业务对象，最终推导而成，主要展示出核心信息即可，它是后续建模过程实体推导及最终数据库表的源头。下面我们来具体探讨下概念实体。

6.1.1　如何提取概念实体

首先，在设计概念实体之前，概念实体是怎样产生的呢？概念实体是由业务实体演化而来。其次，演化的方法可以是直接关联、多个业务对象的合并（例如，多个业务对象的审核抽取合并为审核概念实体）、拆分（例如，业务对象大字段或可能存在多次修改的字段拆分后形成新的概念实体）、演绎（例如，业务对象的元素信息存在冗余、缺失、不合理等在概念实体中予以修正和完善）等。我们还要思考一个问题，那就是概念实体和业务对象有什么区别？答案是业务对象是从业务层面进行分析，将单据报表映射而成，而概念实体是从系统层面进行分析，建立在业务对象之上设计出来的。我们需要对在业务建模阶段得到所有业务对象进行筛选设计，从系统层面具体分析有些什么表、表的结构、表与表之间的关系。

需要注意的是：

（1）每个概念实体都有各自的表达，形成独立的个体，主要展示实体的数据项。

（2）实体主要来源于业务对象，但可以新增（系统管理，基础码表等）、拆分、合并、直接关联。

6.1.2　设计概念实体实例

那么，在薪酬管理系统中是如何提取概念实体的呢？我们先从业务对象中得到现有对象，然后按照数据库设计规范设计出概念实体，得到描述概念实体的 E-R 关系视图。

先得到薪酬管理系统如下的业务对象：

（1）员工信息表；

（2）岗位薪资表；

（3）考勤修改申请表；

（4）考勤表；

（5）薪资修改申请表；

（6）薪资表；

（7）部门薪资统计表；

（8）银行指定薪资表。

我们经过部分补充，结合数据库设计规范得到如图 6-1：

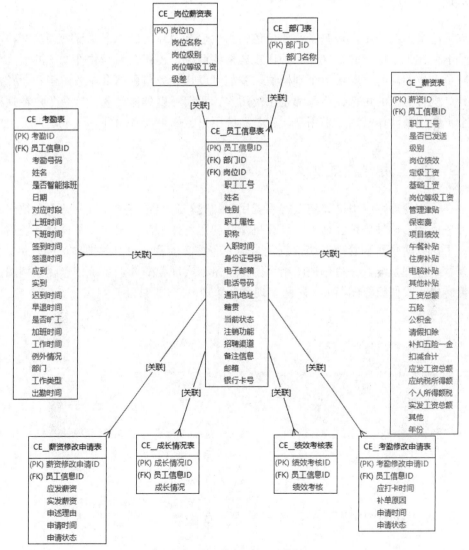

图 6-1 薪酬管理概念实体视图

经过分析，得到如图 6-1 的概念实体，我们主要是将业务建模中的业务对象提取出来，通过系统层面来进行分析设计概念实体，得出薪酬管理系统的 E-R 关系视图。

6.2 形成系统用户

在第 5 章业务建模中确定了业务角色之后，我们就可以确定系统用户了。那么我们下面就来讨论什么是系统用户。系统用户就是参与系统的角色人员，与计算机能够进行交互的角色人员。那系统用户的作用是什么呢？下面我们通过分析参与系统的角色色之间的关系来具体讨论。

6.2.1 如何获取系统用户

在方法论中大部分用户来源于业务角色，当然也有例外，例如，系统管理员，在没有系统之前是不存在这个用户的，这是一种比较典型的情况，还存在因为软件系统的上线在优化流程缩减了人员的同时，新增了个别岗位。我们可以从业务角色结合业务用例和业务情景筛选出与计算机有交互的角色，这些都是系统用户，我们可以具体思考，这个角色在这种业务情景下会不会用到计算机，如果用到，就是系统用户，如果没有用到，就不是系统用户。

6.2.2 系统用户的案例

比如在薪酬管理系统中是如何获得系统用户的呢？我们是通过分析业务角色视图和业务用例和业务情景，通过分析总结出与计算机交互的角色作为系统用户，并描绘系统用户之间的关系，下面以实现薪酬管理系统信息化为例，完整演示系统用户的推导过程。将如图 6-2 所示实现薪酬管系统业务角色视图结合图 6-3 所示实现薪酬管理系统信息化用例图进行分析，最终转化成我们想要的图 6-4 所示实现薪酬管理系统用户视图。

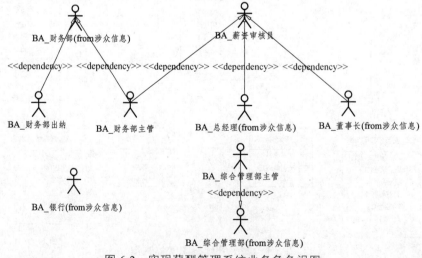

图 6-2　实现薪酬管理系统业务角色视图

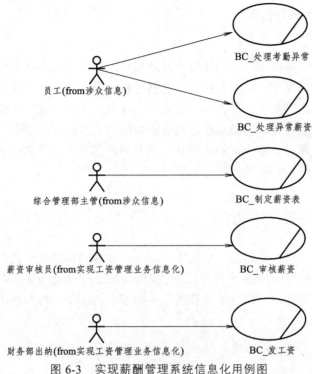

图 6-3 实现薪酬管理系统信息化用例图

图 6-2 是薪酬管理系统业务角色视图，它可以结合图 6-3 实现薪酬管理系统信息化用例图分析下面的系统用户，有的用户在业务角色中不存在，在系统用户中就存在。比如，上面的所有业务角色都没有与计算机进行交互，换到系统层面上，系统用户就需要加入计算机这个角色。而每个管理系统的背后都需要一个管理员，那么，系统用户当中也应该加入系统管理员这个角色。图 6-4 就是实现薪酬管理系统信息化的系统用户图。

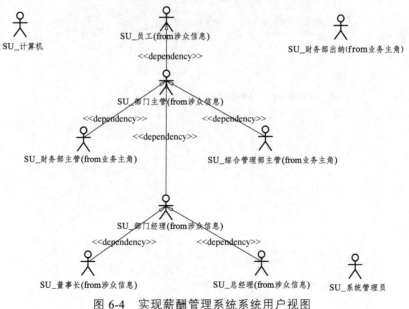

图 6-4 实现薪酬管理系统系统用户视图

6.3 获取系统用例

在前面，我们讲了系统用户，具体每个系统用户对应的职责是什么呢？就是我们下来要讲的系统用例。通常情况下，从业务用例中能够分析出系统用例。但是应该怎样去描述这样的过程呢？从概念的角度上可以进行简单的分析，业务用例更多关注业务的描述，而系统用例关注的是怎样去描述系统。同时系统用例和业务用例最大的不同是引入了计算机系统，让业务通过计算机来实现。当然，不一定所有的业务用例都适合在计算机上来实现，还需要考虑到其他的细节。下面我们来具体探讨系统用例。

6.3.1 如何获取系统用例

那么系统用例是如何得到的呢？系统用例主要以业务建模阶段中的业务情景模型为主要来源，通过关联、演绎、归纳和拆分等手段演化而成。那么演化成系统用例的依据是什么呢？依据是业务情景中的活动是否能够被计算机化为标准，将活动转换为系统用例。

6.3.2 系统用例的案例

薪酬管理系统的系统用例是什么样的呢？图 6-5 就是薪酬管理系统的用例图。综合管理部主管在系统生成上月薪资表后，可以对上月薪资表进行修改，添加或者扣除一些系统没有统计到的内容；修改后可以将上月薪资表发送至财务部主管处进行审核。财务部主管、总经理、董事长则可以对薪资表进行审核。

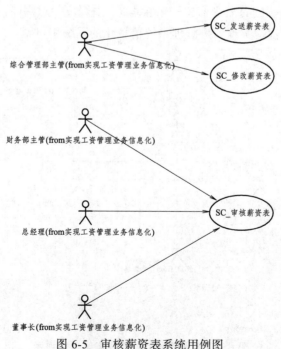

图 6-5 审核薪资表系统用例图

6.4　划分系统模块

前面，我们讲了系统用例，系统用例的作用是描绘每个人对应的职责，如果将系统用例进行汇总，就是我们接下来要讲的系统模块。系统功能模块大体呈现了系统由哪些模块组成、大致有什么功能，系统模块是通过将系统用例进行汇总分析得到的。下面我们就具体探讨下系统模块。

6.4.1　如何划分系统模块

我们在进行系统建模的时候，划分系统模块的依据是什么呢？我们一般是通过将系统用例按层次进行汇总，然后经过总结分析出系统具有什么功能模块。如果从使用角度上来看待系统模块呢？系统模块则是我们对系统功能按场景的初步划分。比如图 6-5 审核薪资表系统用例，综合管理部主管有发送薪资表和修改薪资表，我们就可以归纳出一个薪资表管理这个模块，其他模块也可以通过这种方式归纳出来。

6.4.2　系统模块划分实例

薪酬管理系统中系统模块是什么样的呢？我们通过分析系统用例，大致可以将系统分成哪些模块？图 6-6 薪酬管理系统模块图就是根据系统用例分析出来的系统模块图，我们从使用层面可以看出不同系统场景下的不同功能模块。

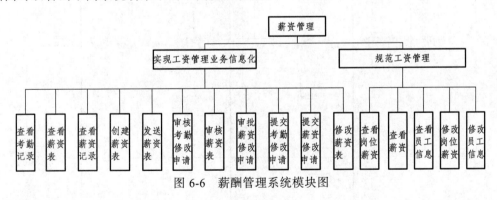

图 6-6　薪酬管理系统模块图

6.5　构建系统情景

在前面，我们讲了系统模块是根据系统用例汇总分析出来的，系统用例描绘的是静态场景视图，那动态场景视图是什么呢？答案就是我们下面要讲的系统情景，系统情景是对某个系统用例描述的动态执行过程，从系统角度详细地展示用户与计算机的交互方式及过程。

6.5.1 系统情景建模

什么是系统情景呢？系统情景是由系统用例推导来的动态场景视图。系统情景的展现形式与业务场景一致，系统情景视图是描述某个系统用例的具体步骤。系统情景中的动作在系统建模阶段属于粒度最小的单元。在系统情景中恰恰相反，我们需要一个详细而准确的步骤。每个系统用例都对应一个系统情景视图。在这里，值得一提的是，每个系统情景图都有一个用例规约表，这个表的作用是对动态场景视图的详细描述。

6.5.2 系统情景建模案例

在该例中，我们只针对审批薪资表、提交薪资修改申请两个系统用例展示推导出来的系统情景图和用例规约表。图 6-7 和图 6-8 为审批薪资表的系统情景图和用例规约。图 6-9 和图 6-10 为提交薪资修改申请的系统情景图和用例规约。

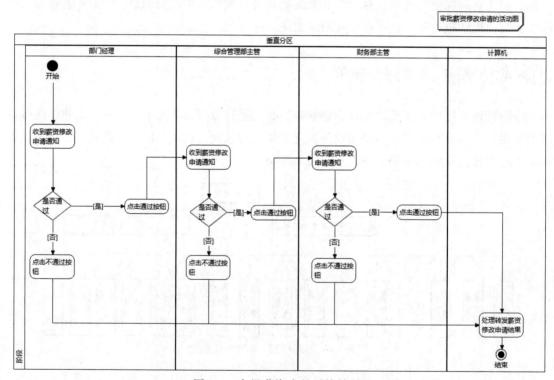

图 6-7 审批薪资表的系统情景

	A	B	C	D
0	系统情景名称	SSA_审批薪资修改申请	测试用例编号	
1	用例描述	部门经理,综合管理部主管,财务部主管对薪资修改申请进行顺序审批		
2	执行者	部门主管,财务部主管,计算机,综合管理部主管		
3	输入	薪资修改申请		
4	输出	修改状态后的薪资修改申请		
5	前置条件	提交薪资修改申请		
6	后置条件	查看薪资表		
7	主事件流描述	1.部门经理进入审核薪资修改申请页面,对薪资修改申请进行判断是否通过 2.综合管理部进入审核薪资修改申请页面,对薪资修改申请进行判断是否通过 3.财务部进入审核薪资修改申请页面,对薪资修改申请进行判断是否通过 4.计算机修改申请状态,存储审核结果。		
8	分支事件描述	1.若通过,将薪资修改申请转发给下一位(部门经理→综合管理部→财务部),最后计算机将申请状态改为通过并修改薪资记录。 2.若不通过,计算机将申请状态改为不通过直接结束。		
9	异常事件描述	无		
10	业务规则	无		
11	涉及的业务实体	薪资修改申请表		
12	注释和说明	无		

图 6-8 审批薪资表用例规约

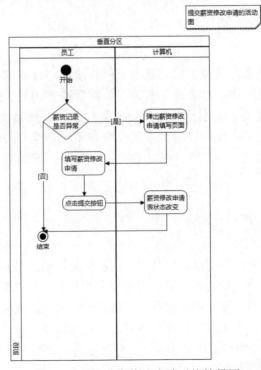

图 6-9 提交薪资修改申请系统情景图

▲	A	B	C	D
0	系统情景名称	SSA_提交薪资修改申请	测试用例编号	
1	用例描述	员工对薪资修改申请进行提交		
2	执行者	员工		
3	输入	薪资修改申请		
4	输出			
5	前置条件	查看薪资表		
6	后置条件	审批薪资修改申请		
7	主事件流描述	1.员工点击薪资修改申请按钮 2.计算机返回薪资修改申请页面 3.员工进行修改申请内容填写，点击提交		
8	分支事件描述	1.员工对薪资记录有异议，填写并提交薪资修改申请 2.员工对薪资记录无异议，直接结束		
9	异常事件描述	无		
10	业务规则	无		
11	涉及的业务实体	薪资修改申请表		
12	注释和说明	无		

图 6-10　提交薪资修改申请用例规约

6.6　快速界面原型

前文，我们大致讲了系统建模的核心部分，但是缺了一样东西，那就是下面我们要讲的原型界面。我们现在终于要设计系统的模样了，需要注意的是，原型界面并不是系统的最终展现，原型界面的建设依据是系统用例形成文件夹，以及系统用例所衍生的活动图，并作为描述用例的展示界面。我们要结合系统用例和系统情景来设计原型界面，因为它是系统最直观的表达。俗话说，一个项目成功的关键有一半是因为界面，可见界面原型的重要性。

6.6.1　界面原型如何设计

通过制作界面原型，可以使需求更加真实，用例更加生动，并且可以减小需求理解上的差异。原型把新系统的一个模型或一个部分摆在用户的面前，可以激活开发者的思维，并促进需求对话。对原型的早期反馈有助于涉众在理解系统需求上达成共识，从而减小客户不满意的风险。需要注意的是，为了同时配合原型界面的使用以及为设计人员提供关键元素的需要，每个原型界面都有对应的用例脚本展示，主要以边界类、业务类及实体类的划分为依据，按照 MVC 的主要思想将设计所需的关键要素表达出来。

6.6.2 界面原型的设计案例

在该节中，我们以修改薪资和修改薪资详情两个原型界面和两个用例脚本为例，展示原型界面如何进行设计和用例脚本如何进行编写，为后面的设计开发等阶段作参考依据，如图6-11、图 6-12、图 6-13 和图 6-14 所示。需要注意的是，在进行用例脚本的编写时，我们要想好边界类，业务类，实体类的名称和流程，具体设计留在设计阶段考虑。

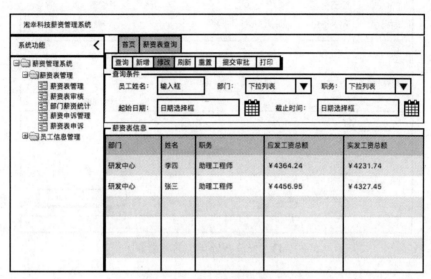

图 6-11　修改薪资表界面原型

	A	B	C	D
0	系统用例名称		修改薪资表	
1	页面名称		PP_修改薪资表	
2	用例描述		对修改薪资表申请通过的申请，综合部管理进行修改薪资表	
3	执行角色		计算机,综合管理部主管	
4	前置条件		审批薪资修改申请	
5	后置条件			
6			主事件流:	
7	用户视图（View）		业务逻辑（Busi）	数据实体（Entity）
8	1.选择某一行薪资记录，点击修改记录			
9	modifySalaryInfo			
10			2.弹出薪资详情窗口进行修改	
11			modifySalaryInfoBusi	
12				SALARYENTITY_薪资表
13				
14	备选说明		无	
15	处理过程		选择某一行薪资点击修改在弹出的修改窗口进行详细修改并保存	
16	异常原因		无	
17	处理方式		无	

图 6-12　修改薪资界面原型的用例脚本

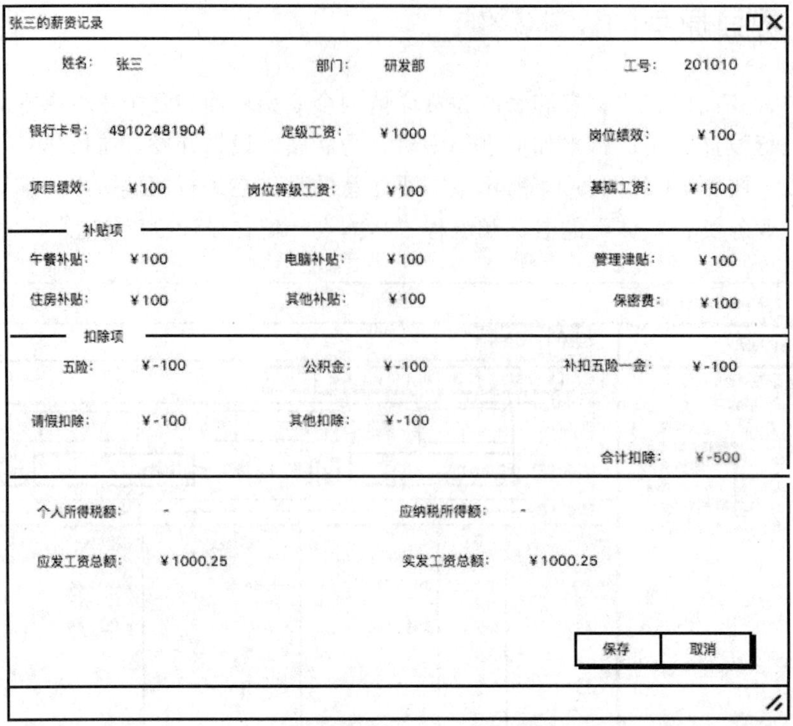

图 6-13　修改薪资详情的界面原型

	A	B	C	D
0	系统用例名称		修改薪资表	
1	页面名称		PP_修改薪资表详情	
2	用例描述		综合管理部对员工薪资记录进行修改	
3	执行角色		综合管理部主管,计算机	
4	前置条件		查看薪资表	
5	后置条件			
6	主事件流:			
7	用户视图（View）		业务逻辑（Busi）	数据实体（Entity）
8	1.修改薪资表记录			
9	2.点击保存			
10	saveModifySalaryInfo		3.计算机持久化	
11			saveSalaryInfoBusi	
12				SALARYENTITY_薪资表
13				
14	备选说明		无	
15	处理过程		无	
16	异常原因		无	
17	处理方式		无	

图 6-14　修改薪资表详情的用例脚本

6.7 获取概要视图

在前面，我们讲了原型界面和用例脚本是如何进行设计的，要知道，一个项目需要很多界面，我们如何管理这么多的界面呢？看完这一节，这个问题就能解决了。概要视图是一种虚拟视图，它以 mvc 模式对界面原型中边界类、业务类、实体类的核心元素进行汇总。

6.7.1 概要视图如何统计

按照边界类（View）、业务类（Busi）和实体类（Entity）分别将用例脚本中的元素统计，形成概要视图，以 mvc 模式将项目中每个界面原型的用例脚本中的用户视图、业务逻辑、数据实体这三个列名下的元素提取出来，最后将所有界面原型中的这三列进行汇总。概要视图主要作用就是明确各类元素表达含义，为实现设计工程打下基础，作为评估设计及开发工作量的依据等。如下图 6-15 所示，以此进行汇总计数得到概要视图。

7	用户视图（View）	业务逻辑（Busi）	数据实体（Entity）

图 6-15 界面原型用例脚本中的三个列名

6.7.2 概要视图的案例

在该节中，我们展示薪酬管理系统的概要视图、边界类视图、业务类视图、实体类视图。边界类视图对项目所有界面原型下的用例脚本的用户视图列进行统计；业务类视图对项目所有界面原型下的用例脚本的业务逻辑列进行统计；实体类视图对项目所有界面原型下的用例脚本的数据实体列进行统计。下面分别为薪酬管理系统的边界类视图、业务类视图、实体类视图如图 6-16、图 6-17、图 6-18 所示。

图 6-16 薪酬管理系统边界类视图

	A	B	C
0	页面名称	业务类	业务说明
1	PP_提交薪资修改申请	submitSalaryModifyApplyBusi	提供提交薪资修改申请服务
2	PP_查看岗位薪资	queryPostSalaryBusi	提供查看岗位薪资服务
3	PP_查看薪资表	querySalaryInfoBusi	提供查看薪资表服务
4	PP_查看员工信息	queryEmployeeInfoBusi	提供查看员工信息服务
5	PP_修改薪资表详情	saveSalaryInfoBusi	提供修改薪资表详情服务
6	PP_六月薪资表	printSalaryInfoBusi	提供打印六月薪资表服务
7	PP_六月薪资表	querySalaryInfoBusi	提供六月薪资表查询服务
8	PP_审批薪资修改申请	refuseSalaryModifyApplyBusi	提供审批薪资修改申请服务
9	PP_审批薪资修改申请	passSalaryModifyApplyBusi	提供审批薪资修改申请服务
10	PP_审核考勤修改申请	passAttendanceApplyBusi	提供审批考核修改申请服务
11	PP_审核考勤修改申请	refuseAttendanceApplyBusi	提供审批考核修改申请服务
12	PP_审核薪资表	passSalaryTableBusi	提供审批薪资表服务
13	PP_审核薪资表	refuseSalaryTableBusi	提供审批薪资表服务
14	PP_查询部门薪资情况统计	queryDepartSalaryInfoBusi	提供审部门薪资情况统计查看服务
15	PP_修改岗位薪资详情	savePostSalaryInfoBusi	提供修改岗位薪资详情服务
16	PP_修改薪资表	modifySalaryInfoBusi	提供修改薪资表服务
17	PP_修改员工信息详情	saveEmployeeInfoBusi	提供修改员工信息详情服务
18	PP_修改岗位薪资	modifyPostSalaryBusi	提供修改岗位薪资服务
19	合计：18个业务类		

图 6-17　薪酬管理系统业务类视图

	A	B
0	页面名称	实体类
1	PP_提交薪资修改申请	SALARYAPPLYMODIFYENTITY_薪资修改申请表
2	PP_查看岗位薪资	POSTSALARYENTITY_岗位薪资表
3	PP_查看薪资表	SALARYENTITY_薪资表
4	PP_查看员工信息	EMPLOYEEENTITY_员工信息表
5	PP_修改薪资表详情	SALARYENTITY_薪资表
6	PP_六月薪资表	SALARYENTITY_薪资表
7	PP_修改员工信息	EMPLOYEEENTITY_员工信息表
8	PP_审批薪资修改申请	SALARYAPPLYMODIFYENTITY_薪资修改申请表
9	PP_审核考勤修改申请	PASSATTENDANCEAPPLYENTITY_考勤修改申请表
10	PP_审核薪资表	SALARYENTITY_薪资表
11	PP_查询部门薪资情况统计	DEPARTMENTSALARYENTITY_部门薪资统计表
12	PP_修改岗位薪资详情	POSTSALARYENTITY_岗位薪资表
13	PP_修改薪资表	SALARYENTITY_薪资表
14	PP_修改员工信息详情	EMPLOYEEENTITY_员工信息表
15	PP_修改岗位薪资	POSTSALARYENTITY_岗位薪资表
16	合计：15个实体类	

图 6-18　薪酬管理系统实体类视图

6.8 转换角度的用户视图

在前面，我们讲了一种虚拟视图（概要视图），它的作用是将所有界面原型的用户视图、业务类，实体类进行汇总统计，起检查作用。那么下面要讲的同样起检查作用，就是用户视图，它主要是由系统用例汇总而来，从用户角度查看是否包含完整的业务信息。

6.8.1 用户视图如何获得

用户视图是通过统计收集系统用例，展现每个系统用户对应的用例，从用户角度统计了用户可以在系统中使用的用例，说明了用户的功能性需求，最后在用户视图中显示。值得一提的是，用户视图与系统用例有什么区别呢？答案是系统用例视图可以进行编辑，而用户视图不能编辑，它起一个检查业务是否完整的作用。用户视图也为后续系统授权提供了依据和参考。

6.8.2 用户视图的案例

薪酬管理系统中的用户视图是怎样的呢？下面分别展示员工和总经理的用户视图，检查员工和总经理的功能性需求是否完整，需要注意的是，虽然表面上用户视图与系统用例视图是一样的，但是我们要记住它们两个的区别。下面我们就来看看员工和总经理的用户视图，如图 6-19，图 6-20 所示。

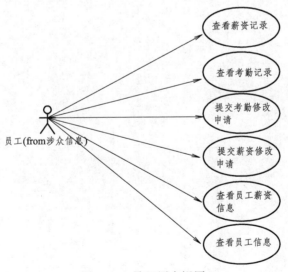

图 6-19 员工用户视图

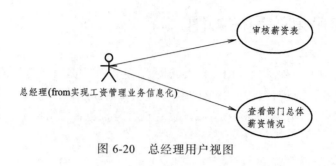

图 6-20　总经理用户视图

6.9　小　结

在系统建模这一章中，首先要清楚，系统建模位于统一过程中启动阶段的末期以及精化阶段的早期。然后要掌握确定系统用例的方法，掌握本书中提供的常见系统用例获取方法，并且能够在实际的案例中把这些方法应用起来，同时也要掌握系统测试的方法。在确定系统用例的情况下，就要能够熟练地掌握描述系统几种常用方法：系统用例情景图、系统用例规约和界面原型。这些方法都能全面地展现系统用例，能够帮助理解系统用例。最后选择合适的用例粒度也很重要，在系统用例建模的时候，最重要的是用例的划分，如果用例划分正确的话，那么系统建模就会正确，否则，系统模型也会因为用例粒度的改变而变化，为以后的工作产生不必要的影响。

下一章我们将会为大家介绍有关非功能性需求的内容。

7 非功能性需求

通过前几章的学习，我们对怎样获取软件的功能性需求，已经有一个相对比较清晰的认识了。但是，随着软件行业的快速发展，人们对软件的需求不仅仅停留在功能性需求上，更多的是非功能性需求。比如软件运行时的安全性、可靠性、互操作性、健壮性等等。从本章开始，就来谈论一下如何获取软件的非功能性需求。

7.1 非功能性需求的定义以及说明

客户常常并不满足基本的功能性需求，还需要其他方面的需求。例如操作简便、界面美观、可以自动提醒、个性化等等。这些需求可以归于为客户提供更高层次的需求，即非功能性需求。

非功能性需求是指开发系统所遵循的通用性和约束性的条件或特性，而不是针对系统特定行为的需求，主要包括安全性、可靠性、可移值性，可维护性等。非功能性需求描述了用户在使用系统时的体验，也可以视为了满足客户业务需求，但又不在功能需求以内的特性。

非功能性需求是一个产品必须具备的属性。这些属性可以看作是一些特征，它们可以使产品有吸引力、易用、快速和可靠等特性。例如，客户可能希望自己的产品在指定的时间内做出响应，或者在计算时达到指定的精度，也可能希望产品有某种特定的外观。这些属性的存在并不是因为它们是产品的基本活动，诸如计算、操作数据等等，而是因为用户希望这些功能性活动以某种方式执行。

非功能性需求并不改变产品的功能，即在一般情况下，系统增加多少非功能约束，功能性需求保持不变。非功能性需求增加了产品的适应度和易用性，满足产品在易于使用、安全或方便交互等诸多因素方面的需求，使用户更易于接受和使用系统。但是一些非功能性需求在一定阶段会转化为功能性需求，比如说，安全本身是非功能性需求，但是当某个安全模块成为一个标准件，用户要求使用该模块必须达到某个安全标准如文件必须经过安全检查时，一个非功能性需求就变成了功能性需求。

非功能性需求是需求规格说明书的重要组成部分。它们之所以重要是因为客户和用户也会根据产品的非功能属性来评判产品。如果产品满足了它所要求的功能，非功能属性比如可用性、方便性和安全性等等可能影响产品是否被接受。

7.2 非功能性需求的分类

非功能性需求的分类方法较多，并没有业界通用和一致的标准，但是大多数殊途同归，名称、叫法以及分类方法上可能略有差异，但是其含义和指向一般是一致的，下面简单介绍一下常用的分类：

1. 性能/容量

性能和容量比较好理解，包括需要支持的用户的数量（尤其是峰值的并发用户数量）、用户能够接受的响应时间、数据规模等等。

2. 可靠性/可用性/可复原性

可靠性是指在规定的一段时间和条件下维持其功能服务以及性能水平有关的一组属性。例如要求系统 7x24 小时运行，全年持续运行故障停运时间累计不能超过 10 小时等等，都属于这方面的要求。可复原性是指在系统发生错误和故障后，系统可以重建其性能水平，并恢复受影响数据的能力。

3. 可维护性/可管理性

系统在无人干预条件下的稳定性、自排错能力、可测试性都属于这个范畴。故障的可排查能力，系统的修正、升级、备份、恢复机制以及方便与否，都属于这个范畴。这通常会极大决定系统的运行维护成本及维护难度。

4. 安全性

传输加密、存储加密、可破解性以及各种未被授权的用户行为如何防范和控制，都是安全范畴，这里的安全不单针对外部普通用户，也针对内部不同级别用户的权限控制。小到如何防范和处理用户在输入框里输入特殊字符导致设计者未曾预料的结果，大到防范外部黑客。安全很多时候不单依赖技术实现，同时非常依赖相应的制度和审计。

5. 易用性

这可能是非功能性需求中现在唯一被高亮出来，被广泛关注的一个领域了。易用性设计现在已经上升到了一个新的高度，叫作人机体验或 UE 设计。虽然现在 UE 到底是划分在功能性需求还是非功能性需求上，尚有一些争议，但是主流观点（包括笔者自己）都认为，这是非功能性需求的一个典型部分。

6. 数据一致性

包括数据的编码、语言和冗余数据的一致性要求等等。例如为了性能的考虑，数据库整体设计未采用巴斯克范式，而采用了第二或者第三范式的要求来设计；一些信息（例如用户注册信息），可能同时存在于系统的多个地方（例如多个表中），当发生注册信息变更时，如何保证多处记录的信息都被修改，以及全部修改的时限要求是多少等等都是这个范畴的内容。

7. 系统/环境条件及限制

现有的软硬件条件、平台的条件、网络的条件都属于这个范畴。典型的例如很多移动互联网产品，必须要考虑移动网络的带宽条件、终端运算性能和能力以及其移动网络稳定性等等。

7.3　功能性需求和非功能性需求

功能性需求和非功能性需求都是为了让软件产品更加符合用户的需求，是从不同的方面对软件产品的约束。可以说功能性需求和非功能性需求之间存在联系也存在着差异，同时非功能性需求包含自己所独有的特征和特性。从这一节开始，让我们一起探索非功能性需求和功能性需求之间的联系以及非功能性需求所独有的特征。

7.3.1　非功能性需求和功能性需求联系

功能性需求，显性易见的，就是一般实现了什么功能，提供了什么服务，从用户的角度描述了一定量的工作。功能性需求描述了从工作的角度来考虑的产品的动作。

非功能性需求描述了用户在工作时的体验。换言之，非功能性需求是用户功能性需求所代表的工作的特征。一个有用的思维模式是，功能性需求以动词为特征，非功能性需求以副词为特征。

7.3.2　非功能性需求包含的特征

非功能性需求是产品所必备的属性，每项产品都有一些特征把自己与其他产品区别开来，这些特征绝大多数并不体现在核心功能上。例如，你骑某个品牌的共享单车，可能并不是因为它能骑，而是因为它的体验或者外观等比其他单车更好，而诸如体验、外观或是易用等都是非功能性特征的体现。那么，我们的系统到底需要什么样的非功能性需求呢？我们在检阅了大量的需求规格说明书后，抽取了一份比较完整的，具有典型代表意义的系统非功能性特征清单。接下来，我们将详细讨论每一类非功能性需求。

1. 观感需求——产品的外观精神实质

案例&知识：

火车站是一个人口聚集较为多的地方，每天的客流量非常的大，尤其是在春运时期。对于刚来某个陌生城市的人来说，如果有一份这个城市详细的电子地图，那就好多了。

> 所以，在火车站电子地图显示的设计中，曾经有一段这样的描述，火车站的相关领导说："我希望我在电子地图上看到的各个建筑都要呈现出不同的颜色，这样可以方便旅客观察。比如植物都是绿色的等等……"，话还没有说完就被需求分析员打断了，需求分析员果断地说就是不同的建筑用不同的颜色，同时那位领导也非常同意这位分析人员的回答，所以就开始谈论其他的问题了。但是当电子地图设计出来，拿到领导的面前的时候，领导却说这个不是他想要的，从界面的外观上就否定了这次的设计。

观感需求描述了对产品外观期望的精神实质。请注意，观感需求不是一份界面的详细设计。尽管可能提供一些想法的草图，但意图并不是进行设计，而是希望产品具备的（感到）外观特点。

2. 性能需求——功能的实现必须多快、多可靠，能处理多少量、多精确

当产品需要在给定的时间或以特定的精确度来执行某些任务时，就需要性能需求。对速度的需求应该是真实的。常常希望事情很快做完，但并没有真正的理由。如果任务是得到一份每月报告，那么可能不需要很快。另一方面，产品的成功与否又可能取决于速度。

因此，在考虑性能需求时，可以从完成任务的速度、结果的精确度、操作的安全性、产品的容量、允许值的范围、吞吐量、资源利用率、可靠性、可用性和可扩展性等方面考虑。

3. 可操作性需求——产品的操作环境，以及对该操作环境必须考虑的问题

可操作性需求描述产品被使用的环境。可操作性需求可以包括：
（1）操作环境；
（2）用户的情况——他们是否是在黑暗中、是否很匆忙、是否随时处理业务等情况；
（3）是否与其他系统对接；
（4）是否需要经常移动等。

4. 可维护性和可移植性需求——期望的改变，以及完成改变允许的时间

通常在需求阶段我们不知道产品在它的生命周期里所需的准确工作量，而且也不会总是知道它所需的维护类型。然而，产品在构建时总可以在一定程度上预见维护的类型。考虑是否预计会存在以下一些变化：
（1）组织结构调整；
（2）部署环境的变更；
（3）适用于产品的法律修订产生的影响；
（4）业务规则的改变。

5. 安全性需求——产品的安全保密性

安全性是最难的一种需求类型，并且如果它不正确的话，可能潜在地给产品带来

最大的风险。当要编写安全性需求时，请考虑安全性的本质，因为它适用于软件和类似的产品。安全性主要包括以下三个方面：

（1）保密性：产品存储的数据受到保护、防止未授权的访问和泄露；

（2）完整性：产品的数据与它的来源和权威数据保持一致；

（3）可得性：产品的数据和功能对授权的用户是可访问的，并能及时提供。

6. 文化和政策需求——由产品的开发者和使用者所带来的特别需求

案例&知识：

游客第一次去意大利，体验意大利的咖啡馆是个不错的想法，但是当他们走进有着浓厚意大利氛围的咖啡馆，对着吧台里的小伙子说要一杯卡布奇诺和点心的时候，换来的是小伙子用意大利语加上手势对你进行解释和比划，最后他耸耸肩指向了收银台。哦！你这才恍然大悟，在意大利的咖啡馆消费的流程是先到收银处付款，然后再拿着收银条到吧台取你下单的东西。

文化和政策的需求是一些特别的需求，由于人的习惯、偏好成见，可能会导致产品不被接受。这些需求源自人类行为的方方面面。当试图把一个产品卖到另一个国家，特别是文化和语言与我们不同的国家，就带来对文化需求的不同要求。

文化需求很难，因为它们常常会在意料之外，有时初看上去它们很没道理，如果第一反应是"它们到底为什么会是这样的"，那么可能已经发现了一项文化需求。另一个技巧是，可以针对每项请求反思"这项请求里是否有些东西仅仅是因为文化而存在的？"发现找出文化需求的最佳方法是寻求来自本地人的帮助。

文化和政策可以从产品的规定范围、项目禁止的范围、政治或政策、宗教习俗及特殊的拼写等方面考虑。

7. 法律需求——哪些法律和标准适用于该产品

诉讼的费用对商业软件来说是一项主要的风险，对其他类型软件来说也可能很昂贵，所以必须注意那些适用于产品的法律，为产品写下符合这些法律的需求。即使写的产品将在组织内部使用，也要注意到有一些活用于工作场所的法律可能会有关系。

7.4 非功能性需求的调查分析

虽然我们认识到非功能性需求的重要性，但对非功能性需求包含的内容还是比较笼统的，并不能对非功能性需求有个完整的描述。到底非功能性需求包含哪几个方面的内容？怎样才能满足客户基于功能性需求之上的其他方面的需求？这样的问题是首先应当弄清楚的。

通过前几节的学习我们已经对非功能性需求涵盖的内容有了相对清晰的了解了，以下就围绕几个方面进行调查分析，分析用户在这几个方面对系统的需求。这样就可以对非功能性需求有更加宏观的把握，然后落实到具体的细节上去。通常情况下，非功能性需求主要是围绕以下的几个方面开展的：

7.4.1　可靠性调查

在可靠性调查上又可以分为安全性、事务性和稳定性的调查。以下提供可靠性调查的基本表格，需求采集人员可以按照如下的表格进行可靠性调查。

安全性调查见表 7-1 所示：

表 7-1　安全性调查

调研内容	客户答复
系统数据的敏感程度	在此回答系统数据的保密性要求。这个要求与客户业务相关，是指整体敏感程度。例如可以分为机密、保密、一般、公开等几种类型
系统运行环境	在此回答系统运行环境，是运行在 Internet 还是 intranet？是公用服务器还是私有服务器？是集中式应用还是分布式应用？是单机版还是服务器版
客户组织中的信息保密制度	在此回答客户组织中的信息保密制度。例如，工资数据、财务数据保密级别很高，只有组织中的部分人员可以访问；一般公司制度、人员资料可向内部人员公开等
使用人员情况	在此回答使用人员的组成，例如，是否都是内部人员？是否分为正式员工和合同工？是否有外部人员访问等

事务性调查见表 7-2 所示：

表 7-2　事务性调查

调研内容	客户答复
系统业务交叉程度如何	在此回答业务的交叉程度，如果多个部门或很多用户频繁的对同一份数据存取，业务交叉程度就高，相应的事务性要求也就高
数据精确度要求如何	在此回答数据的精确度要求，如果数据精确度要求很高，例如财务数据，相应的事务性要求也就高；反之，例如人员档案资料，精确度要求低，相应的事务性要求也就没那么严格
业务是在线的还是离线	在此回答业务的运行要求，在线交易必须保证事务性，而离线交易则事务级别可相应降低
系统集成情况如何	在此回答系统的集成情况，如果系统与其他很多系统集成在一起，相互依赖于数据的同步，那么事务性要求就高
是分布式还是集中式系统	在此回答系统的应用模式，如果是分布式系统，那么一般都需要借助事务中间件完成全局事务，否则，有可能数据库本身的事务处理机制就能满足要求

稳定性调查见表7-3所示：

表7-3 稳定性调查

调研内容	客户答复
系统的服务能力要求如何	在此回答系统的服务能力要求，例如是需要 7×24 h 不间断服务，还是可以允许短暂停机
用户操作频率如何	在此回答用户的操作频率。例如，假设每操作 10 次就可能出现一次故障，如果客户每天只使用一次，那么或许是可以忍受的，但如果客户每天使用 10 次以上，就是不可忍受的
业务的及时性要求如何	在此回答业务及时性要求。例如，客户的业务依赖于数据的连续传输，一旦数据链停止，整个业务都将停止，则系统稳定性要求就高。反之，如果今天传输数据，明天才来读取，稳定性要求就低
数据的重要程度如何	在此回答数据的重要程度，例如，一旦部分数据丢失，整个系统就存在失效或崩溃的风险，则稳定性要求就高；反之，如果数据丢失，不影响系统的正常运行，稳定性要求就低

7.4.2 可用性调查

可用性调查又分为界面操作、操作习惯和文档要求三个方面。通过对三个方面的内容进行调查，就可以对可用性有个相对清晰完整的认识。

界面操作见表7-4所示：

表7-4 界面操作

调研内容	客户答复
客户的行业性质如何	在此回答客户的行业性质。不同的行业性质应该有不同的界面风格考量。例如，给政府部门做项目，界面风格应当是庄严稳重的，不能设计成娱乐网站式的花花绿绿
客户的企业文化如何	在此回答客户的企业文化。界面的色调和风格应该与客户的企业文化相符合。例如，如果客户以年轻人居多，界面风格可以轻松一些。如果以老年人居多，界面风格应当稳重一些
客户业务的复杂程度如何	在此回答客户业务的复杂程度。例如客户的业务功能庞杂，界面设计时导航功能考虑就要多一些，尽量在一个版面容纳更多的功能并方便导航；否则就应该考虑第一时间可以看到所有功能
使用人员的情况如何	在此回答使用人员情况。如果使用人员计算机素质较高，可以考虑复杂一些的界面设计，反之就应当尽量简单和直接

操作习惯见表 7-5 操作习惯所示：

表 7-5　操作习惯

调研内容	客户答复
客户之前使用过什么系统	在此回答客户之前使用过系统的界面风格。人总是有惰性的，尤其是上了年纪的人来讲，适应新的风格总是要慢一些。应当考虑保持原先客户习惯的操作方式
客户喜欢怎样的操作风格	在此回答客户喜欢的操作风格。例如是喜欢菜单，还是喜欢导航条；是喜欢按钮，还是超链接等

文档要求见表 7-6 所示：

表 7-6　文档要求

调研内容	客户答复
客户需要联机文档吗	在此回答客户是否需要联机文档。联机文档类似 Word 的帮助菜单里的内容
客户需要在线帮助吗	在此回答用户是否需要在线帮助。在线帮助需要在界面中放置该界面的操作指导
客户的计算机操作水平如何	在此回答客户的计算机操作水平。若客户的操作水平较高，则用户手册可专心描述业务操作；若客户的操作水平很差，则用户手册还要考虑普及一些计算机基础知识，并且多使用界面截图

7.4.3　有效性调查

有效性调查又分为系统性能、可伸缩性和可扩展性三个方面。通过对三个方面的内容进行调查，就可以对有效性有个相对清晰完整的认识。

系统性能见表 7-7 所示：

表 7-7　系统性能

调研内容	客户答复
系统的长期平均访问量	在此回答系统的平均访问量。平均访问量是指特定的时间段内，比如以天或小时为单位，系统平均被访问的次数
系统的峰值访问量	在此回答系统的峰值访问量。峰值访问量是指在特殊的情况下，系统瞬时可能被访问的最大次数
系统的数据流量	单位时间内系统处理的数据量，或者一段时间内系统的数据处理量
系统的并发要求	在同一时间段内系统并发处理的内容
硬件环境如何	系统运行的实际硬件要求，硬件和软件的兼顾性问题

可伸缩性表见表 7- 8 所示：

表 7-8　可伸缩性

调研内容	客户答复
客户业务预期的扩张速度	客户对业务的扩张是否有一个预期的期望，包括扩张的速率和时间，可以为系统以后的二次开发以及应用提供更好的方向
客户数据量的扩张速度	客户数量的变化以及扩展的速率，也对系统的开发和应用有着重要的影响
使用人数的扩张速度	使用人数也是以后系统访问量的关键，如果系统一段时间内的访问量非常的大，那么必然对系统的吞吐量造成重要的影响

可扩展性见表 7-9 所示：

表 7-9　可扩展性

调研内容	客户答复
系统规模会继续扩大吗	系统是否会继续扩大，扩大的层次在哪里，以及规模的扩大是否会带了其他方面的问题
客户是否有长期系统建设的计划	系统是否是分期来实现的，如果分期，是否有一个长期的实施计划
客户有升级系统的长期计划吗	客户对系统是否需要进行长期的规划和设计，系统是否要推出其他的版本

7.4.4　可移植性调查

可移植性的调查主要分为以下的两个部分：硬件条件和软件环境。硬件条件调查表见表 7-10 所示：

表 7-10　硬件条件调查

调研内容	客户答复
客户当前的硬件环境如何	在此回答客户当前的硬件环境。若客户的硬件设备比较陈旧，面临着更新的问题，那么系统移植应当被纳入考虑范围。至少应当考虑假设客户将来要更新设备，会更新成哪一类设备
客户是否有长期的硬件厂商合作伙伴	在此回答客户是否有长期的硬件提供商。假设客户有长期的设备供应商，那么客户的硬件设备就比较稳定，相应的移植能力也就没那么重要。反之，如果客户隔三岔五地更换设备供应商，系统的移植能力就需要重视了
客户业务是否在快速增长	在此回答客户的业务增长情况。如果客户的业务增长迅速，那么相对频繁地升级硬件设备就是意料中的事，移植能力就重要一些。反之，客户业务稳定，升级硬件设备的可能性就低，相应的移植能力也就没那么重要

软件环境调查表见表 7-11 所示：

表 7-11　软件环境

调研内容	客户答复
客户和系统运行环境如何	在此回答客户的系统运行环境。如果客户的系统运行环境比较单纯，仅有有限的系统在运行并且相互之间关系不大，则移植的可能性小。反之，客户就有可能从信息化的整体考虑而提出统一系统平台的构想，由此带来移植的问题
客户是否有长期的软件提供商	在此回答客户是否有明确的软件供应商。例如客户如果与某家应用服务器供应商建立了长期合作关系，那么改变软件环境的可能性就小。反之，就有可能因为改变了第三方软件产品而带来移植问题
自己是否有长期明确的技术路线	在此回答开发商自己是否有长期明确的技术路线。如果公司已经有技术路线规划和长期的产品规划，则应当考虑移植能力，以保证当软件所遵循的标准或技术路线改变时自己和客户的投入成本不受到大的损失

7.5　如何获取非功能性需求

像所有功能性需求一样，非功能性需求可能随时出现。但是有一些地方为发现非功能性需求提供了更好的机会。

常见的非功能性需求分类如下：

（1）观感；

（2）易用性；

（3）性能；

（4）可操作性；

（5）可维护性；

（6）安全性；

（7）文化和政策；

（8）法律。

从上到下查看这个清单。有哪些是适用的？对薪酬管理系统的功能性需求得到的一些非功能性需求有：

（1）产品将具有一个公司产品的外观；

（2）产品将能被财务人员等便捷使用；

（3）产品将在每月初自动计算上月度薪酬基本情况；

（4）产品调整员工岗位级别的功能只限于人力资源经理；

（5）产品将对每月最终核定的薪资表进行备份，不允许任何人修改，以便审计和核对等。

在对用户进行访谈时持有一份非功能性需求类型的检查清单是有好处的，至少要针对某个使用情况，检查该清单以找出各类需求的实例。请注意，非功能性需求的内容要比一份规矩的检查清单丰富得多。

原型可以用于导出一些非功能性需求。原型让潜在用户有机会尝试功能，因此需求收集者可以观察用户对该功能的考虑方式。这将导致非功能性需求的确定，诸如易用性、观感、安全性等等。

在满足了功能性需求的前提下，可能是非功能性的品质使顾客决定他（她）是否购买产品。请考虑想购买的或已购买的产品的非功能性属性，然后问一下的客户，这与正在关注的产品有多大程度的相关性，客户或者市场部门将告诉你是什么使用户购买该产品。

非功能性需求放在用例规约里是不合适的。通常情况下，在统一软件开发过程中提供了两份模板用来记录非功能性需求，一份是用例补充规约，另一份是软件需求规约。用例补充规约是专门为某个用例服务的，如果某个非功能性需求只与该用例有关，例如仅有某个用例需要特别的安全性，那么可以写在用例补充规约中。软件需求规约是针对整个软件的，所以如果非功能性需求是针对整体软件的，就应当写在软件需求规约文档中。

7.6　非功能性需求验收的标准

非功能性需求的验收标准是对这些品质进行量化，从而进行评估和验收。某些非功能性需求初看上去很难量化，但是，总可以为它们加上数字标准。如果不能对一项需求进行量化和度量，那么很可能此项需求其实不是一项需求，而是多项需求，或者可能是一项没有考虑好的需求，它也许就不是一项需求，应该从规格说明书中删除。那么就让我们来看一些例子。

案例&知识：

描述：产品应该用户友好

这初看上去很模糊，有二义性，不能清楚表明如何进行量化，但是可以找到度量它的方法。我们可以这样开始，问一下客户，看看他是否能提供关于"用户友好"更准确的含义。例如，他的意思是指易于学习、易于使用、吸引人或其他的某种含义？

假定他澄清了意图，说"我希望我的用户能快速学会如何使用该产品"。这表明了一个度量尺度——掌握给定任务所需的时间。通过制定一组标准任务，度量能成功地使用它们所花的学习时间，或者可以指定使用产品到一定标准所需的培训时间。对于用户成功地了解该产品的另一种度量方式是求助电话的次数和查看在线帮助的次数。

对"用户友好"需求的一项建议的验收标准是：在新用户第一次使用该产品时，他们将能够在30分钟内完成添加、修改、删除等操作。

有时，当帮助用户考虑需求时，可以定义一个大家间接的接受标准。换言之，通过使需求可度量，从而使它变得清楚。

但是有些时候，可能会遇到品质度量不能达成一致的情况，因此不能得到验收标准。在这些情况下，可能最初的需求事实上是几项需求，每项需求都有它自己的度量方法，或者需求非常模糊，它的意图非常不切实际，以至于根本不可能知道它是否已被满足。例如："我希望有一个产品，如果我的祖母还在世的话，她将喜欢它。"

1. 主观测试

有时候，某些需求将通过主观测试。

案例&知识：

验收标准：产品不会让测试组 80%的人感觉到被冒犯。测试组由可能与产品发生联系的人员代表组成。测试组所代表的利益团体感觉到被冒犯的不超过 10%。由于实际业务误差的存在，你不能指望 100%的人通过所有的测试。在这种情况下，业务误差保护了产品，不至于受到少数极端观点的攻击，同时又允许使用原型对"感觉到被冒犯"进行度量，而不是提交的产品。

验收标准中的数字不是任意的。假定有一个验收标准："把操作某项任务的时间减少目前所用时间的 25%。这表示当前的时间必须知道并记录下来，而不仅仅是猜测。减少 25%这一目标的原因必须很好理解，并经用户的认可。理想情况下，期望是 25%而不是 20%或者 30%的理由应该来自研究业务得出的经验数据。

2. 观感需求

观感需求是关于产品的外观精神和用户对产品的感知。例如，在公共区域使用的产品必须要求用"公共的颜色"。颜色是可度量度最高的，可以通过 RGB 值、CMYK 值、Pantone色号或其他颜色标度来指定，同时上色的表面区域的百分比也是可度量的。

对于要求可读的产品来说，有一些可读性评分系统。例如，Flesch 阅读容易程度评分（Flesch Reading Ease Score）根据文本中的一些因素给出一个分数，最高分是 100，建议的分数在 60～70 之间。Flesch-Kincaid 平均水平评分将与美国学校的年级理解能力对应起来。例如 8.0 的分数表示八年级的学生能理解它。标准文档建议的分数值在 7.0 至 8.0 之间。

3. 易用性需求

易用性需求与产品的用户有关。产品通常要求易于使用、易于学习、能被特定类型的用户使用等等。要为这些需求编写验收标准，必须发现可度量度最大的尺度，能够量化需求的目标。让我们来看一些例子。

描述：产品将是直观的和自我解释的。

为了度量"直观的"，必须考虑"直观的"是针对什么用户而言的。在本例中，被告知用户会是财务人员，他们将拥有管理学位，并有会计学方面的经验。当知道这些，"直观的"就具有了特定的意义。

验收标准：在首次使用该产品时，财务人员将能够在 10 min 内得到一份正确的薪资表。

用户有时说"直观"，实际上他的意思是"易于学习"。在这种情况下，必须询问可以花多少时间用于培训，从而得到类似以下的验收标准：

验收标准：在经过一天的培训后，10 个财务人员中有 9 个将能够成功地完成选择的任务清单。

易用性需求的验收标准也可以使用最后完成给定任务允许的时间、允许的差错率（量化易于使用）、用户的满意度、易用性实验室的评分等等。最重要的是发现需求的真正含义。

4. 性能需求

性能需求是关于产品的速度、精度、容量、可用性、可靠性等方面。大多数时候，性能需求的本质将指出度量尺度是什么。让我们来看一些例子：

描述：响应应该足够快，以避免打断用户的思路。"快"表明要度量时间。建议的验收标准是：在 95%的情况下，响应时间将不超过 1.5 s，在其他情况下不超过 4 s。类似地，对可用性需求的验收标准可能如下。

验收标准：在操作的前三个月中，早上 8:00 至晚上 8:00 产品的可用时间覆盖率应该达到 98%。

因为多数的性能需求本身就是量化的，所以编写合适的验收标准应该很直接、很自然，如果需求是以正确的最优方式给出，那么验收标准和需求就是一回事。

可操作性需求这类需求指明了产品将操作的环境。在某些情况下，产品必须在有害的或是不一般的情况下使用。例如，气象台站数据收集的系统。

描述：产品将在夜间、结冰的温度下使用；极有可能会下雨或下雪；产品预计会接触到盐和水；照明情况可能很差；操作者将戴着手套。

验收标准是在要求的环境下使用是否容易作为使用是否成功的量化标准。以上的可操作性需求在某种程度上说有些特殊，验收标准应该量化操作完成特定任务的能力，以及产品经受住环境考验的能力。

案例&知识：

验收标准：在模拟的 25 年一遇的暴风雨（这是一个客户接受的量化的气象条件）条件下，操作者应该能在给定的时间内成功地完成任务的清单。在暴露 24 h 后，产品仍能操作正常。

可操作性条件也可能指明产品必须与之共存的伙伴协作系统。在这种情况下，验收标准将引用伙伴系统的规格说明书。

验收标准：与气象站的接口将符合气象数据收集系统发布的规格说明书。这是可测试的，至少可以由来自气象局的信息化工程师测试。它向产品的构建者指明了一份已知的被接受的标准。

5. 可维护性需求

这些需求指明了对产品维护方面的期望。通常针对这类需求的验收标准量化了做一定改动所允许的时间。这并不是说所有的维护性改变都可以预计到，但是如果预计将发生一些改动，那么就可能对加入这些改动所需的时间进行量化。

验收标准：新的用户将能被加入系统，并且对现存用户的打断不超过 5 min。如果产品是一件软件产品，并且存在移植到其他计算机的需求，那么也在可维护部分进行说明。验收标准量化了满意地进行移植所需要的时间和工作量。

6. 安全性需求

安全性需求包括了产品的许多方面，其中就有操作的安全性。最明显的安全性需求是：谁在什么情况下允许访问产品的哪些部分。验收标准可能类似下面这样。

描述：只有使用 A 类权限登录的工程师能够修改气象站的数据。

验收标准：在 1000 次气象数据的修改中，全部由 A 类权限登录的工程师完成，没有例外。文件完整性（file integrity）是安全性的一部分，最常见的对计算机文件的损坏是由未获授权的用户偶然改变了文件造成的，因此必须至少有一项需求是针对文件完整性的。验收标准可能类似下面的情况。

验收标准：产品关于静态实体（气象站、道路等）的数据应该与所有外部权威机构掌握的保持一致。

该验收标准表明产品的数据必须与数据的权威来源保持一致。因为多数数据是从外界（道路的更改，新的传感器，等等）传入产品的，传送者必须是权威机构，所以，如果产品的数据与权威机构的数据一致，那就是正确的。

7.7 小 结

在非功能性需求这一章中，主要介绍了什么是非功能性需求，非功能性需求是产品必须具备的属性。这些属性可以看作是一些特征，它们使产品有吸引力、易用、快速且可靠。早在上个世纪，人们对于软件的期望值并不是非常高，只要完成基本的功能就可以得到较好的客户满意度，而现在非功能性的需求远远超过了功能性需求。本章同时也介绍了功能性需求和非功能性需求之间的联系以及非功能性需求包含的内容。着重介绍非功能性需求包含的范围之后，又详细介绍了非功能性需求的验证方法，通过这一章的学习可以对非功能性需求有个相对完整的认识。

8 需求验证

大量统计数字表明，如果软件系统的错误起源于需求会对项目的执行造成巨大影响。想要提高软件质量，确保软件开发成功以及降低软件开发成本，我们要做的是一旦对目标系统提出一组需求之后，就要严格验证这些需求的正确性。在此之上，基于软件的需求验证应运而生。

8.1 需求验证的思路

说到需求验证，它的本质是什么？既然要验证需求，又该如何判定要验证测试哪些需求？如何进行需求的验证，如何进行需求的测试将在本章给出答案。

8.1.1 如何进行需求的验证

首先，要明白需求验证是一种黑盒验证，它把系统当成一个黑盒子来看待。黑盒是用于支撑业务需求而去实现的，而系统的需求分析是在对业务分析和归纳的基础上得到黑盒子中应该包括哪些部分，以便后续的系统设计工作再基于这些部分做进一步的内部设计。

需求验证是在假设已有情况下的测试，基于实有系统进行测试是普遍的一种测试方法。在软件测试方面，大多数是为了验证系统功能的有无、是否满足业务要求、是否满足用户及用户行为的要求。其中的验收测试和系统测试都将系统看成一个黑盒子，因此，验收测试和系统测试的测试用例也可用于需求的验证。

需求验证和验收测试、系统测试工作的交集点在于面向用例的对话方式是系统测试方式的体现。从业务需求到假设的信息系统的功能需求，从假设的信息系统编制出用户手册和系统测试用例，验证假设信息系统是否满足业务需求的要求。最后，经设计编码将假设的信息系统变成实有的信息系统，基于对实有系统的系统测试和验收测试来验证是否满足业务需求。业务需求信息系统的入口点也是信息系统的出口点，对于验证来说只有满足业务需求才是关键。无论是在假设的信息系统上的测试还是实有的信息系统上的测试，其本质都是以满足业务需求作为评判的依据。假设信息系统只是业务系统和实有信息系统的中介，基于假设信息系统的空转是一种逻辑抽象的验证，其目的是一致的，但是验证方式存在一定的差异。

经过上述分析，可得到以下 3 种需求验证方式。

（1）假设系统存在的、基于黑盒子的、采用系统测试用例和用户手册方式的测试验证。

（2）采用评审方式进行需求的完整性、一致性等的经验规则标准的验证。

（3）采用自然语言和图形化描述互证的逻辑验证。

前两种验证方式在后面的小节中会有具体描述，在此不再赘述。

8.1.2　什么是测试需求

简单来说，测试需求就是确定在项目中需要测试什么。测试需求描述测试的目标，特别是描述了产品的质量需求。测试需求分析目的是帮助定义测试对象和测试范围，发现软件需求中不完善和不明确的地方并加以完善，以节省投入的测试时间，便于将软件需求基线化和跟踪业务需求的变更过程。

一条有用的测试需求是唯一的、精确的、有边界的和可测试的。例如：软件产品有一个测试需求"系统主要事务的响应时间能满足系统要求"，这条测试需求其实是不符合要求的，能"满足"系统要求的具体是什么样的指标？要是说不出个一二三，测试就无法开展。

案例&知识：

一个完整清晰、可测试的测试需求应该是这样的：在 1 GB 内存和 1.73 GHz 主频的计算机中，25 个并发用户执行插入、更新和删除操作时端到端的响应时间在 3 s 内。因此，符合标准的测试需求是存在一个明确、可预知的结果，还可通过某种方法对这个结果进行判断和验证。

测试需求是测试计划的基础与依据，在测试活动中，首先需要明确测试需求（What），才能决定怎么测（How），测试时间（When），需要多少人（Who），测试的环境是什么（Where）。这些都是衡量测试覆盖率的重要指标。

1. 为什么要做测试需求分析

如果要成功地做一个测试项目，首先必须了解测试规模、复杂程度与可能存在的风险，这些都需要通过详细的测试需求来了解。测试需求不明确，只会造成获取的信息不正确，无法对所测软件有一个清晰全面的认识，测试计划就毫无根据可言。

测试需求越详细精准，表明对所测软件的了解越深，对所要进行的任务内容就越清晰，就更有把握保证测试的质量与进度。

若把测试活动比作软件生命周期，测试需求就相当于软件的需求规格，测试策略相当于软件的架构设计，测试用例相当于软件的详细设计，测试执行相当于软件的编码过程。只是在测试过程中，我们把"软件"两个字全部替换成了"测试"。这样，我们就明白了整个测试活动的依据来源于测试需求。

2. 什么时候开始做测试需求分析

软件生存周期的各个阶段都可能产生错误。而软件需求分析、设计和实现阶段是软件的主要错误来源。因此，一旦软件需求确定后，即可开始进行测试需求分析。

3. 测试需求的分析方法

测试需求分析有两个关键词：一是"测试需求"；二是"分析"。测试需求的分析主要体现在以下 3 个层面。

第一层：测试阶段。系统测试阶段，需求分析更注重于技术层面，即软件是否实现了具备的功能。如果某一种流程或者某一角色能够执行一项功能，那么我们相信具备相同特征的业务或角色都能够执行该功能。为了避免测试执行的冗余，可不再重复测试。而在验收测试阶段，更注重于不同角色在同一功能上能否走通要求的业务流程。因此需要根据不同的业务需要来测试相同的功能，以确保系统上线后不会有意外发生。但是否有必要进行大量重复性质的测试，也是见仁见智的做法，这就要看测试管理者对测试策略与风险的平衡能力了。

目前，大多数的测试都会在系统测试中完成，验收测试只是对于系统测试的回归。这种情况也是合理的，关键看测试周期与资源是否允许，以及各测试阶段的任务划分。

第二层：待测软件的特性。不同的软件业务背景不同，所要求的特性也不相同，测试的侧重点自然也不相同。除了需要确保要求实现的功能正确，银行/财务软件更强调数据的精确性，网站强调服务器所能承受的压力，ERP 强调业务流程，驱动程序强调软硬件的兼容性。在做测试分析时需要根据软件的特性来选取测试类型，并将其列入测试需求当中。

第三层：测试的焦点。测试的焦点是指根据所测的功能点进行分析、分解，从而得出的着重于某一方面的测试，如界面、业务流、模块化、数据、输入域等。目前关于各个焦点的测试也有不少的指南，而且已经能很好地作为测试需求的参考，在此仅列出业务流的测试分析方法。

任何一套软件都会有一定的业务流，也就是用户用该软件来实现自己实际业务的一个流程。简单来说，在做测试需求分析时需要列出以下类别：

（1）常用的或规定的业务流程。

（2）各业务流程分支的遍历。

（3）明确规定不可使用的业务流程。

（4）没有明确规定但是应该不可以执行的业务流程。

（5）其他异常或不符合规定的操作。

然后根据软件需求理出业务的常规逻辑，按照以上类别提出的思路，一项一项列出各种可能的测试场景，同时借助于软件的需求以及其他信息，来确定该场景应该产生的结果，便形成了软件业务流的基本测试需求。

在做完以上步骤之后，将业务流中涉及的各种结果以及中间流程分支回顾一遍，确定是否还有其他场景可能导致这些结果，以及各中间流程之间的交互可能产生的新的流程，从而进一步补充与完善测试需求。

8.2　验证遵循的原则

验证目标系统的需求的正确性该从哪些方面着手呢，或者说正确需求应该遵循的原则有哪些？一般来说，有以下4点原则。

（1）一致性。

所有需求必须是一致的，任何一条需求不能和其他需求互相矛盾。

（2）完整性。

需求必须是完整的，需求规格说明书应该包括用户需要的每一个功能或性能。

（3）现实性。

指定的需求应该是用现有的硬件技术和软件技术基本上可以实现的。说"现有的硬件技术和软件技术"是因为对硬件技术的进步可以做些预测，对软件技术的进步则很难做出预测，只能从现有技术水平出发判断需求的现实性。

（4）有效性。

必须证明需求是正确有效的，确实能解决用户面对的问题。

好了，现在已经知道验证需求要遵循哪些原则，接下来说说如何遵循这些原则。

（1）验证需求的一致性：当需求分析的结果文档是用自然语言书写的时候，除了靠人工技术审查、验证软件系统规格说明书的正确性之外，目前还没有其他更好的"测试"方法。而且，这种非形式化的规格说明书是难于验证的，特别在目标系统规模庞大、规格说明书篇幅很长的时候，人工审查的结果是冗余、遗漏和不一致等一些问题可能因没被发现而继续保留下来，以致软件开发工作不能在正确的基础上顺利进行。为了克服上述困难，人们提出形式化的描述软件需求的方法。当使用形式化的需求陈述语言书写软件需求规格说明书时，可利用相关软件工具验证需求的一致性，从而有效地保证软件需求的一致性。

（2）验证需求的现实性：为了验证需求的现实性，分析员应该参照以往开发类似系统的经验，分析现有的软、硬件技术实现目标系统的可能性，必要的时候可采用仿真或性能模拟技术，辅助分析软件需求规格说明书的现实性。

（3）验证需求的完整性和有效性：只有系统的目标用户才真正知道软件需求规格说明书是否完整、准确地描述了他们的需求。因此，检验需求的完整性，特别是证明系统确实满足用户的实际需要（即需求的有效性），只有在与用户的密切合作下才能完成。然而许多用户并不能清楚地认识到他们的需要（特别在要开发的系统是全新的，以前没有使用类似系统的经验时，情况更是如此），不能有效地比较陈述需求的语句和实际需要的功能。只有当他们有某种软件系统可以实际使用和评价时，才能完整确切地提出他们的需要。理想的做法是先根据需求分析的结果开发出一个软件系统，请用户试用一段时间以便认识到他们的实际需要是什么，在此基础上再写出正式的"正确的"规格说明书。但是，这种做法将使软件成本增加一倍，因此实际上几乎不可能采用这种方法。使用原型系统是一个比较现实的替代方法，开发原型系统所需要的成本和时间可以大大少于开发实际系统所需要的。用户通过试用原型系统，也能获得许多宝贵的经验，从而可以提出更符合实际的要求。

8.3 需求验证的目的和任务

需求验证通常是为了确认以下 5 个方面的内容。

（1）需求规格说明是否正确描述了系统的行为和特征。

（2）从其他的来源中（包括硬件的系统需求规格说明书）得到软件的需求。

（3）需求是否完整、质量是否高。

（4）所有的用户对需求的看法是否一致。

（5）需求为进一步的软件开发测试提供了足够的基础。

通过上面的分析，可以看出需求验证的目的是为了确保需求规格说明具有良好的完整性、准确性等。需求验证的重要性就在于发现和修复需求规格说明书中存在的问题，并且避免在软件系统设计和实现时出现返工。

需求验证的任务要求各方人员从不同的技术角度对需求规格说明文档做综合性评价。当然，采集需求并编辑需求规格说明文档进行需求验证并不仅仅是一个独立的阶段，某些验证活动，如对渐增式软件需求规格说明的评审工作，将在需求获取、需求分析和需求规格说明定义的整个过程中反复进行。

需求验证的主要问题是没有很好的方法可以证明一个需求规格说明是正确的。目前验证需求规格说明的方法，除了形式化方法外，大部分人只能通过人工进行测试。

此外，不能不考虑的一个因素就是，部分项目相关人员并不想在需求验证上花费大量的时间。虽然在计划中安排一段时间来提高需求规格说明的质量似乎会影响或拖延交付软件系统的时间，但是这种想法是建立在假设需求验证的投资不会产生效果的基础上。但实际上这种投资可以减少返工并且加快系统测试，从而真正缩短开发时间和减少成本。

8.4 三种需求的测试验证

本节要阐述的 3 种测试验证来源于 8.1.1 节提到的验证方式，将假设系统存在的、基于黑盒子的、采用系统测试用例和用户手册方式的测试验证方式分解，得到了具体的三种需求的测试验证。它们是有经验者共同之成果，也是我们深入了解需求验证的基础。

1. 基于测试用例验证

基于人工技术的需求评审除了采用有组织的评审工作之外，还可以对需求进行模拟测试，即对每一个需求通过设计一个或者多个可能的测试用例，将这些用例用于检查系统是否满足需求。需求测试不仅是发现不完整、不准确的需求的有效方法，还可以作为软件测试计划的基础，同时导出测试软件系统的用例。

为需求设计测试用例的目的是确认需求而不是确认系统。通过阅读需求规格说明书虽然很难想象在特定环境下的系统行为，但以功能需求为基本或者从用例派生出来的测试用例可以使项目的参与者看清楚系统的行为。如果在部分需求稳定时就开始测试用例，及时发现问题，就能以较少的费用解决这些问题。

以功能需求为基础，将功能视为一个黑盒子，编写关于该功能或黑盒子的测试用例。这些用例可以明确在特定条件下运行的任务。由于无法描述系统的响应时间，故测试中会出现一些模糊的、二义性的需求。相反，当系统分析员、客户和开发人员通过测试用例进行研究时，就会对产品如何运行的问题会更加清晰。

测试用例是在业务活动的业务需求描述、使用用例描述、功能需求描述及部分对话图描述的基础上设计的。

业务需求：对该系统所支撑的一个业务活动的操作手段、操作对象、操作目标的要求描述。

使用用例：针对该业务活动的业务需求，通过操作者到相应用例和用户关联的单据和数据要素项，同时再采用用例规约和用例实现给出详细描述，以及相应的业务规则约束和异常条件的描述。

功能需求：针对用例采用界面类、功能类、数据类之间的静态关系和动态关系来说明使用用例的具体实体。

对话图：是针对使用用例给出每一个功能项对应的对话要素项及对话要素之间的时序关系和数据关系。

测试用例：由于一个用例有许多可能执行路径，可以设计出许多测试用例来描述其正常的处理过程和例外的处理过程。

基于测试用例，并按照用例上的执行路径进行回溯，关联到对话图、功能图、功能需求、使用用例、业务需求，就可能发现不正确或遗漏的需求，然后在对话图中纠错，精化测试用例。

2. 基于用户手册的验证

对于大量涉及到人机交互的软件系统，在编写需求规格说明之后，可以编制一份初步的用户使用手册草案，将其作为需求规格说明的参考。编制用户使用手册的好处在于编制过程中可以对需求分析进行强化，帮助揭示与系统实际相关的问题，从而促使软件开发人员一开始就能站在用户的角度进行界面的设计，并及时考虑人机交互中的接口问题。

在编制用户使用手册草案时应以最终用户能理解的方式解释在需求中描述的系统功能，应尽可能采用用户理解的业务术语描述系统的功能，并且注明该怎样使用此功能。

编制用户使用手册草案并不需要十分全面，主要使用简单的语言描述出对所有的用户可见的功能，而性能等用户不可见但可感知的功能，放在需求规格说明书中完成即可。

通过以上需求完成后编制的需求说明文档，不仅可以作为用户界面进一步即可深化设计的要求，也可作为最终软件产品开发完成的验收依据。总之，用户使用手册草案是软件开发过程的一个里程碑，也是系统所有相关人员对软件系统共同理解和共同认识的表达形式。

3．基于需求模型的验证

一般来说，需求模型是利用图形化或形式化语言、符号表示的。若将这些模型用自然语言加以描述，则会有利于评审人员的理解和验证。图形化的模型和自然语言之间具有互证的关系，可以用自然语言解释模型来发现模型中存在的一些错误和遗漏的内容，也可以基于模型找出自然语言描述不准确的地方。这种方式可解决需求模型存在的验证性问题。

8.5　评审工作分析

需求评审取自需求验证的第二种验证方式：采用评审方式进行需求的完整性、一致性等的规则标准验证。

评审是由软件需求的各类风险承担者组织在一起对需求规格说明进行检查，以发现需求中存在的问题。对需求规格说明的评审就是把需求规格文档等同于软件系统，对于成功的评审活动，可能会发现其中的很多问题，比如说需求的不确定性和二义性等。评审主要分为以下2种方式。

1．非正式评审

包括将工作产品分发给许多其他的相关人员查看，开发人员描述产品并征求相关人员的意见。非正式评审的好处能够培养其他人对产品的认识，并且可以获得非结构化的反馈信息。它的不足之处是非系统化和不彻底性，或者在实施过程中不具有一致性，并且该评审不需要记录，完全可以根据项目组编制进度适时开展。

2．正式评审

由不同背景的审查人员组成小组，审查人员阅读需求规格说明文档，把其中的问题记录下来，然后转告给需求分析人员。正式评审有正规的审查过程和严格的人员分工及职责。

在评审的过程中，应该由不同背景的人组成一个小组对需求规格文档进行评审。在此过程中如何才能提高审查的有效性？审查人员要从以下4个方面进行选取。

（1）负责需求规格说明文档编写的人员和相关参与人员。

（2）具有评审工作经验和各个领域的相关专家，能够指出领域内的业务和技术上存在的不足。

（3）客服和用户的代表，可以评判需求规格说明书是否完整，是否能够正确表达他们的需求。

（4）在未来参与软件开发活动的设计人员、测试人员、项目经理等，他们可以很好地发现需求规格说明文档中的存在的不足，比如存在不可预见性、二义性的需求。

审查小组的成员确定之后，需要在审查过程给每个人分配不同的工作岗位。这些岗位在审查过程中起的作用有所不同。审查小组的岗位及工作职责如下。

（1）创建和编写正在被审查的需求规格说明文档的人，通常是系统的分析员，在审查过程中处于被动的地位。他们向审查人员汇报，听取审查人员的评论，并且回答审查人员提出的问题。

（2）审查的调节和主持，通常为项目的总负责人。调节员的工作职责是与文档编制者一起制定审查计划，协调审查期间的各种活动，以及推动审查工作顺利进行。

（3）评审员审查需求规格说明文档里的内容，并且提出意见以及自己的看法。对于提出的问题，可以要求编写需求规格说明书的人给予回答。如果这些人与评审人员的理解发生较大的偏差，那就需要及时处理，这样就可以避免需求规格文档里出现二义性。

（4）记录员可以以标准的形式记录在审查中提出的问题和缺陷，同时也要仔细整理评审会议的信息，以确保记录的正确。

最后，还要知道，评审小组的人员不易太多。如果评审员过多，大家提供的意见过多，那么就很容易偏题，造成很多无所谓的争论，使评审的效率降低。

如何做好需求评审？

建议一：分层次评审。

用户的需求是可以分层次的，一般而言可以分成如下的层次：

（1）目标性需求：定义了整个系统需要达到的目标。

（2）功能性需求：定义了整个系统必须完成的任务。

（3）操作性需求：定义了完成每个任务的具体的人机交互。

目标性需求是企业的高层管理人员所关注的，功能性需求是企业的中层管理人员所关注的，操作性需求是企业的具体操作人员所关注的。对不同层次的需求，其描述形式是有区别的，参与评审的人员也是不同的。如果让具体的操作人员去评审目标性需求，很容易会导致"捡了芝麻，丢了西瓜"的现象，如果让高层的管理人员也去评审那些操作性需求，无疑是一种资源浪费。

建议二：正式评审与非正式评审结合。

正式评审是指通过开评审会的形式，组织多个专家，将需求涉及到的人员集合在一起，并定义好参与评审人员的角色和职责，对需求进行正规的会议评审。非正式的评审并没有这种严格的组织形式，一般也不需要将人员集合在一起评审，而是通过电子邮件甚至是网络聊天等多种形式对需求进行评审。两种形式各有利弊，但往往非正式的评审比正式的评审效率更高，更容易发现问题。因此在评审时，应该更灵活地利用这两种方式。

建议三：分阶段评审。

应该在需求形成的过程中进行分阶段的评审，而不是等需求最终形成后再进行评审。分阶段评审可以将原本需要进行的大规模评审拆分成各个小规模的评审，降低了需求返工的风险，提高了评审的质量。比如可以在形成目标性需求后进行一次评审，在形成系统的初次概要需求后进行一次评审，当对概要需求细分成几个部分，对每个部分分别进行评审，最终再对整体的需求进行评审。

建议四：精心挑选评审员。

需求评审可能涉及的人员包括：需方的高层管理人员、中层管理人员、具体操作人员、

IT 主管、采购主管；供方的市场人员、需求分析人员、设计人员、测试人员、质量保证人员、实施人员、项目经理以及第三方的领域专家等等。在这些人员中由于大家所处的立场不同，对同一个问题的看法是不相同的，有些观点和系统的目标有关系，有些关系不大，不同的观点可能形成互补的关系。为了保证评审的质量和效率，需要精心挑选评审员。首先要保证使不同类型的人员都参与进来，否则很可能会漏掉很重要的需求。其次在不同类型的人员中要选择那些真正和系统相关，对系统有足够了解的人员参与进来，否则很可能使评审的效率降低或者最终不切实际地修改了系统的范围。

建议五：对评审员进行培训。

在很多情况下，评审员是领域专家而不是进行评审活动的专家，他们没有掌握进行评审的方法、技巧、过程等，因此需要对评审员，同样对于主持评审的管理者也需要进行培训，以便参与评审的人员能够紧紧围绕评审的目标来进行评审活动，控制评审活动的节奏，提高评审效率，避免发生歧义性、不一致性等现象。对评审员的培训也可以区分为简单培训与详细培训 2 种。简单培训可能需要十几分钟或者几十分钟，需要将在评审过程中的基本原则，需要注意的常见问题说清楚。详细培训则可能要需要对评审的方法、技巧、过程进行正式的培训，需要花费较长的时间，是一个独立的活动。需要注意的是被评审人员也要进行培训。

建议六：充分利用需求评审检查单。

需求检查单是很好的评审工具，需求检查单可以分成 2 类：需求形式的检查单和需求内容的检查单。需求形式的检查可以由 QA（质量管理）人员负责，主要是针对需求文档的格式是否符合质量标准，需求内容的检查是由评审员负责的，主要是检查需求内容是否达到了系统目标、是否有遗漏、是否有错误等等，这是需求评审的重点。检查单可以帮助评审员系统全面地发现需求中的问题，检查单也是随着工程财富的积累逐渐丰富和优化的。

建议七：建立标准的评审流程。

正规的需求评审会需要建立正规的需求评审流程，按照流程中定义的活动进行规范的评审过程。比如在评审流程定义中可能规定评审的进入条件，评审需要提交的资料，每次评审会议的人员职责分配，评审的具体步骤，评审通过的条件等等。

建议八：做好评审后的跟踪工作。

在需求评审后，需要根据评审人员提出的问题进行评价，以确定哪些问题是必须纠正的，哪些可以不纠正，并给出充分客观的理由与根据。当确定需要纠正的问题后，要形成书面的需求变更的申请，进入需求变更的管理流程，并确保变更的执行，在变更完成后，要进行复审。切忌评审完毕后，没有对问题进行跟踪，而无法保证评审结果的落实，使前期的评审努力付之东流。

建议九：充分准备评审。

评审质量的好坏很大程度上取决于评审会议前的准备工作。常出现的问题是，需求文档在评审会议前并没有提前下发给参与评审会议的人员，没有留出更多更充分的时间让参与评审的人员阅读需求文档。更有甚者，没有执行需求评审的进入条件，在评审文档中存在大量的低级错误或者没有在评审前进行沟通，文档中存在方向性的错误，从而导致评审的效率很低，质量很差。对评审的准备工作，也应当定义一个检查单，在评审之前对照着检查单落实每项准备工作。

8.6 需求审查的内容

需求评审的工作就是评审需求规格说明书的内容。对于一个大的软件系统需求规格说明书来说，其内容是相当的丰富的，通过有限的评审人员在有限的时间内进行完全、有效的评审显然是一件不现实的事情。所以通过评审工作期间不仅需要做好评审的分工，而且需要对评审的内容进行层次的划分，这样才能使评审人员的注意力集中到关键的内容上来，从而提高效率。

建立评审标准表格是一个不错的方法，如同招标现场给每一个评审专家一个评分表，一个评分规则，评分规则逐项列出了重点的评分项，可以将这个评分项作为需求文档内容的查询索引，找到对这个索引项的具体描述章节。审查规则表有两类，一类是面向总体的，另一类是面向某个专业领域的。表 8-1 是一个面向总体的需求规格说明的审查规则表。

表 8-1 面向总体的需求规格说明审查规则表

（一）组织和完整性审查			
审查项	是/符号	否/不符合	备注
所有对其他需求的内部交叉引用是否正确？			
所有需求的编写在细节上是否一致或者合适？			
需求是否能为设计提供足够的基础？			
是否包括了每个需求的实现优先级？			
是否定义了所有外部硬件、软件、和通信接口？			
是否定义了功能需求的内在算法？			
是否有 TBD 问题列表？			
是否定义了对可能的错误条件都有相应的系统行为？			
（二）正确性			
审查项	是/符号	否/不符合	备注
是否有需求与其他的需求相冲突或重复？			
是否简明、简洁、无二义性地表达每个需求？			
是否每个需求都通过了测试、演示、审查得以验证和分析			
是否每个需求都在项目的范围内			
是否每个需求都无语义上和语法上的错误？			
在现有的资源内是否实现了所有的需求？			
是否每一个特定的错误信息都有唯一性和明确的意义？			

（三）质量属性			
评审项	是/符合	否/不符合	备注
是否合理地确定了性能指标？			
是否合理地确定了安全和保密方面的考虑？			
是否详实地记录了其他相关的质量属性？			
（四）可跟踪性			
评审项	是/符合	否/不符合	备注
是否每一个需求都有唯一的属性并且可以唯一识别它？			
是否可以根据高层次的需求跟踪软件功能需求？			
（五）特殊问题			
评审项	是/符合	否/不符合	备注
是否所有的需求没有涉及设计或实现方案？			
是否确定了时间要求很高的功能且定义了他们的标准？			
是否已经明确阐述了国际化问题？			

表 8-2 是一个面向使用实例文档的审查规则表。

表 8-2 面向使用实例文档的审查规则表

审查项	是/符号	否/不符合	备注
用例是否是独立分散的任务？			
用例的目标或价值度量是否明确？			
用例给操作者带来的益处是否明确？			
用例是否处理抽象级别上，而不是具有详细的情节？			
用例是否包含设计和实现的细节？			
用例是否记录了所有的扩展事件？			
用例是否列出了所有的例外条件？			
用例的每个事件是否可以执行？			
用例定义的每个事件是否都可以验证？			

8.7　如何评审文档

评审好文档需要什么呢？高质量的评审会是必须的。本节将对组织正确评审会的一般流程进行描述，并分析评审中可能会出现的问题，可依据这些问题对文档评审进行相应的改善，提高需求评审的效率。

8.7.1　如何组织正确的评审会

一个软件需求规格说明书的评审过程由合格检查、会议筹备、会前会议、评审准备、审查会议、文档修改、文档重审几个业务活动构成。如图 8-1 所示为文档评审过程的流程图。

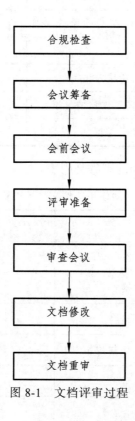

图 8-1　文档评审过程

1. 合格检查

当调解员收到文档评审请求后，依据一些审查工作的前置判断标准对提交的文档进行检查，判断能否进行正式审查。

2. 会议筹备

调解员和需求分析人员共同协商，决定参加会议的审查人员、会前需要准备的材料、审查会议的日程安排等工作。

3. 会前会议

主要是召集参加评审人员了解会议的相关信息，包括要审查的材料背景、文档编制者所作的假设和特定的审查目标、会议过程所填写的一些单证、会议现场的一些注意事项。

4. 评审准备

在正式审查会议开始前，每个评审员按照评审表上的项作为引导，检查文档中存在的错误，并记录下这些错误。评审人员所发现的错误中高达75%的错误是评审准备阶段发现的，所以这一步的工作对整个评审过程非常重要。如果评审员准备工作做的不充分，会使评审会议变得低效，并且可能做出错误的结论，评审会议将会是一种时间的浪费。

5. 审查会议

在审查会议进行过程中，需求分析人员需要向评审小组逐条解释每个需求。当评审员提出可能的错误和存在的问题时，记录人员要清楚记录这些内容，这些内容将会成为需求分析人员进行文档修改的工作项列表。会议的目的是尽可能多的发现文档中存在的重大缺陷。调解员在会议过程中需要把持局面，及时制止如在肤浅和表面问题上纠缠、脱离项目范围的议题、偏离讨论问题的核心等现象。在会议结束前的总结中，评审小组将会给出接受需求文档、经过少量的修改后可接受或者由于需求修改量大需要重审而不被接受这三种结论中的一种。

6. 文档修改

根据评审会议提出来的文档存在问题列表，需求分析人员按照问题列表进行逐项修改。现在的修改就是为解决后期会产生的二义性和消除模糊性，这也为后期开发工作打下一个坚实的基础。如果在这里不进行修改的话，评审就会变得毫无意义。

7. 文档重审

这是审查工作的最后一个步骤，调解员或指派单独人员重审修改后的需求规格说明书，或者再次召开会议。重审就是确保前面提到的问题得到相应的解决，并且已经是正确的。重审结束了审查的全过程，调解员根据是否满足审查的退出标准来决定审查是否结束。

8.7.2　评审会中遇到的问题分析

在需求评审的时候，应该根据不同的需求层次而进行不同的评审。因为笔者经常参加需求评审会议，所以对需求评审中常见的问题有所了解，几个案例和场景如下所示：

案例&知识：

（1）某产品经理在主持需求评审会，评审开始时间不长，就被一位主管打断，明确指出此方案与企业业务发展方向不符，不能实施。紧接着其他与会人员纷纷发言表示同意，结果评审会无法继续进行，需求最终被否决。

（2）某次需求评审会，主要是公司内部相关领域的专家参加，在评审会开始后不久，某专家就对需求中的某个具体问题提出了自己的不同意见，于是，与会人员纷纷就该问题发表自己的意见，大家争执不下，结果，致使会议出现了混乱状况，主持人无法控制局面，会议大大超出了计划评审时间。

（3）某产品经理主持需求评审会，在讲解需求说明书时，与会人员似懂非懂，没有提出任何有价值的问题，致使会议没有达到预期效果，不得不改日重新进行。

（4）在需求评审会，与会人员各抒己见，气氛热烈，产品经理忙于收集意见，结果散会时发现对需求有价值的并不多，并且遗漏了许多要评审的问题，评审效果不佳。与会人员在离开会议室后，私下也认为评审没有多少实际效果，完全是在走过场。

综上，需求评审常见问题汇总如下：

（1）目标性需求没有沟通好，后面的需求变成空中楼阁。

（2）缺乏评审的可操作依据，遗漏评审内容。

（3）没有做好前期准备工作，导致评审时间长，效率低。

（4）没有选择合适的评审人员，无法获得有价值的反馈。

（5）参加人员过多，容易陷入细枝末节的讨论，会议演变成一场毫无意义的讨论。

针对以上问题，提出如下建议：

（1）准确说明需求文档的质量特性作为评审的标准。例如，国标文档（GB/T9385-2008）提出来的正确性、完整性、一致性、无二义性、可修改性、可跟踪性和可验证性等。

（2）编写辅助文档进行初步验证。例如，根据用户需求所要求的产品特性，写出黑盒功能测试用例；在需求开发早期起草一份用户手册，用它作为验证的参考并辅助需求分析。

（3）需求文档的编制人员包括业务领域专家和信息化系统建设人员。只有业务领域专家写不出来产品功能的内在本质特性，只有信息化系统建设人员会陷入技术实现而对业务关注较少，点有双方共同参与、共同编制、多方讨论，才会编制出既符合业务现状又具有技术实现途径的需求文档。

（4）需求获取不是一次性工作。需求获取不仅仅在分析阶段，在问题定义、可行性研究阶段及业务的设计和开发过程中都会有往复，对此要做好准备。但也要分清主次，在进行需求评审时主要的需求是确定的。

8.8　方法论的验证机制

不同需求工程的定义都会拥有一套属于自己的需求验证机制。验证是为了确保需求规格说明准确、完整地表达必要的质量特点，而需求规格说明又作为设计和最终系统验证的依据，需求验证的重要性自然不能忽略。本书也把需求验证作为方法论中很关键的一个环节。此环节既帮助分析最终获取的需求是否符合用户最初的要求与期望，另一方面，也侧面反映了方法论的有效性，能够解决实际的需求建模问题。

8.8.1　用户视图验证

由 6.8 节可知，用户视图是从系统用户的角度对全部系统用例进行用例的汇总和转换的一种验证形式。

用户视图是以用户的角度将所有系统用例重新构建的一种视图，是从系统建模结构的层次形成关于用户业务功能的"任务清单"。

通过"用户任务清单"，每种用户角色要做的"事"就一览无余地展现在用户面前。当把用户视图拿给相关的用户查看并进行需求核对时，用户基本上一眼就能看出用户视图中哪些用例是多余的，哪些还需要修改，哪些是缺少的。通过用户视图转换就达到了从用户功能方面进行需求验证的目的。毕竟，用户是业务方面的专家，对要做什么还是清晰明了的。

8.8.2　业务对象演化验证

5.1 节中提到业务对象是由对需求获取阶段调研得到的所有业务单据进行筛选而来，因此，业务对象演化验证也是我们建模过程方法论从机制上进行需求验证的一种形式。

在业务建模阶段，业务对象的演化过程以实际的业务表单为源头，每张业务表单转化为对应的业务对象。当角度转为系统建模阶段时，这些业务对象将映射为一张充满关联关系的 ER 图，图中每张表的表名、表字段作为后续阶段数据库物理表结构设计的重要来源。

薪酬模块中业务对象演化过程体现为，将图 3-4 工资表业务表单经过要素筛选之后填入业务对象中，得到效果如图 3-5 所示的业务对象，这里已经对业务中的重要数据进行了初步记录。系统建模阶段中，薪资表业务对象和其它业务对象通过关联关系存在于图 8-2 中。

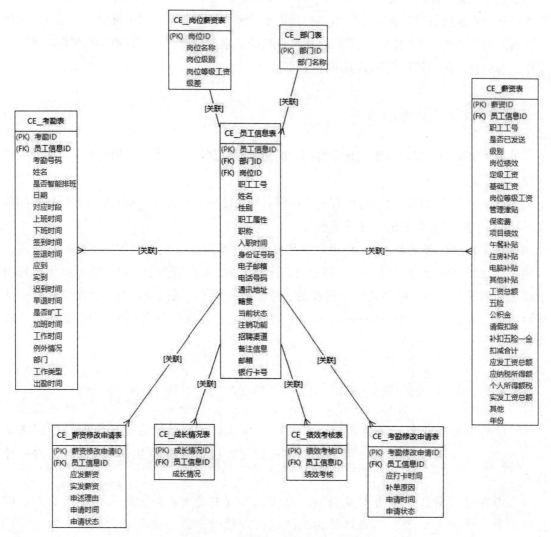

图 8-2　薪资管理系统概念实体

　　图 8-3 薪资表有效反映了业务单据中的数据，其中的薪资 ID、员工信息 ID、职工工号等信息作为数据库物理表结构的字段名。

图 8-3　薪资表

　　将得到的数据库物理表结构自下向上一层一层反向追溯，最终形成的业务对象与最初的业务单据对比起来，会产生什么样的效果呢？这个就是验证以后我们要关心的事情了。

8.8.3　人员演化验证

　　在建模过程方法论中，在项目准备阶段就有关于获取涉众的内容，在获取涉众后，业务建模阶段按照关联、拆分、归纳、代理等手段，将实际业务执行相关的涉众演化为业务角色；系统建模阶段，也是计算机执行和实现客户功能的阶段，这时用户的定义就是直接操作系统的人员，业务角色的部分人员就会通过之前的方式方法继续演化为系统用户。

　　需求建模过程方法论就可以通过分析整个建模过程中人员的演化，核实和验证业务分析的完整性和合理性，通过是否有新增角色，是否有无关联的角色，是否有演化不完整角色等验证建模过程是否完善，从机制和过程中得出对需求的验证。

8.8.4　业务场景演化验证

　　在业务情景的绘制过程中，情景的所有动作都来源于具体的用例。业务情景视图是某个业务用例的具体步骤。所以从用例向下推导出业务情景的时候，可能出现某些错误，这些业务情景视图并没有真正的反映出实际的业务过程。所以可以基于业务用例情景图，向上汇总、推导出业务总体的流程图，即业务场景图，并交给用户进行评价、分析，查看是否符合实际的业务需求。具体验证过程如下。

首先，基于系统中已经有的业务情景视图，将这些业务情景视图进行汇总、整合，也就是向上推导、汇聚出整体的业务流程图。在汇总的过程中要确保每一个业务情景都来源于系统中已有的，不能随意地增加、修改或删除相关的用例情景。

然后，将已汇聚成一个整体的业务场景图提交给用户，让用户评价这个业务场景图是否真的满足实际的应用场景。

最后，针对用户提出的意见，对业务场景的正向推导过程进行修改、完善。尽可能与用户进行多次交流，以便最后的业务场景图可以真实反映出用户的真实需求。

8.8.5   虚拟视图验证

视图的特点是简洁、清晰、主题突出，因此也最能带给人直观感受。若在需求建模过程中能够自动生成需求验证视图，用户都可通过视图的形式确认需求建模过程中获取的需求是否是自己想要的，那岂不是一件美妙的事情。

鉴于方法论"正向可推导，反向可追溯"的指导原则，用户视图的推导过程、业务对象演化过程、人员演化过程，以及业务场景的演化过程中将涉及到多种关联原则，也就是推导关系。这些推导关系指导反向验证需求，那么就可在正向推导完成时自动生成一个虚拟视图。这些视图作为正向推导的反向追溯，不同的推导过程最后取得不同的虚拟试图，它是灵活的。

作为需求建模过程方法论，在第 6 章中根据之前建模信息可以生成概要视图和用户视图，这两种视图都是对需求调研过程的一种验证。其中，概要视图是将业务边界、业务逻辑和概念实体汇总分析，让客户从原型界面和功能信息方面再次确认需求是否正确和完善；用户视图是将系统用例从场景的角度转换为用户的角度来分析用户功能是否完善，是否正确。

8.9   小   结

需求验证是需求开发的最后一个环节，也可以说是质量关。其目标是发现尽可能多的错误，减少因为需求的错误而带来的工作量浪费。因此，本章通过方法论的需求验证机制：用户视图验证，业务对象演化验证，人员演化验证，业务场景演化验证等，阐述了满足用户的真实需求才是软件开发的王道，反之，令需求分析人员自己满意而没有使用户满意的需求，将引导开发人员偏离正确的轨道。

9 建模过程回顾

经过学习和讨论我们已经将需求建模过程方法论通过薪酬管理的案例完全梳理了一遍，相信大家已经对整个方法论的思想有了较为深刻的了解。本章就薪酬管理模块的引导过程进行一次概述，并结合前面章节内容将方法论的特点进行总结和说明，让各位读者能够从整体上更加清晰地了解方法论过程。

9.1 薪酬管理模块回顾

在本节里，我们以对话的形式汇总了分散在前面几章的薪酬管理系统案例，方便读者看到完整的例子。不过为了节省版面删掉了部分较不重要的内容，同时也删除了建模过程工具的步骤和页面。

9.1.1 需求获取

需求获取主要运用 5W2H 原则，RA 人员事先对项目的公开资料进行了解，准备若干问题，并随着对业务的了解，逐步推进和深入问题的难度，一般来讲 RA 人员与业务人员模拟对话如下：

RA：可不可以让我知道，系统需要为公司解决什么问题？换言之为什么公司需要做这个薪酬管理系统？

业务人员：工资表结构复杂，人工计算工作量大且准确性得不到有效保障。现有的工资体系不够信息化，例如无法查看每个人全年的工资变化的趋势及结构。公司薪酬管理关于考勤及请假管理方面通过人工完成，难免会产生疏漏。

RA：目前听起来减少工作量、提高各个角色或岗位人员掌握工资情况、提高薪资管理的准确性就是我们的主要业务目标了。

RA 记下了三个重要的业务目标之后，继续进行调研。

业务人员：是的。就是想通过建立这个系统，把薪资管理业务规范化，实现信息化，无纸化，能够减少我们工作量的同时又能提高工作质量和工作效率。而且随着公司业务的发展，员工人数也逐步扩充，工作量也越来越大，对信息化的要求也越来越强烈，所以我们希望这个系统可以帮助把薪资管理的体系做起来，能把我们的主要业务都能包括进来，而且希望能给我们提供快捷方式。例如，薪资表自动生成，考勤记录自动导入，五险一金计算不用自己整理，员工信息不需要每次调整……

RA：公司的薪酬管理系统主要涉及到哪些人员呢？

业务人员答：薪酬管理涉及的面比较广，因为基本上每个人都关心自己的收入，公司高层也很关心每月的支出，所以从基层员工、项目经理到部门经理、综合管理部、财务部这些业务部门，直到公司高层总经理、董事长等都有涉及，只是大家的关注点不同而已。

RA：那在这个系统里面，和你工作相关的主要业务是什么，或者说在这个系统里要打算做什么事情呢？

业务人员：首先我要制定薪资表，在制定之前我要先将上月的考勤记录拿过来，查看一下是否有迟到、旷工以及请假等考勤异常信息，然后我要根据公司的规定先做出一个考勤的信息表……

RA：对不起，其实这个我们可以后期再具体讨论细节，今天不需要讲的这么深入，我想了解对于业务人员来说，你总共有那些期望在这个系统中？这些期望大概对你的工作有什么帮助？

业务人员：这个最希望的就是能够让我快速生成薪资表，不要像现在这样要花费很长时间，还要检查很多遍，我还希望界面要好看些，能不能参考 XX 网站，我觉得扁平化的就很好啊，还有我希望不要让我每次都发邮件给员工了，好麻烦啊，能不能系统自动发啊，或者提供一个查询界面，每个人都可以查看自己的薪资情况就好了……

点评：（1）客户谈及系统期望时，通常不是业务需求，而更多的会谈及他们希望系统能帮助他们做什么，或者说他们觉得系统应该是怎么样的。（2）有时候从这些谈话中找出期望并不容易，RA 人员要有敏捷的洞察力，要能区分出客户真正的功能性需求和非功能性需求。（3）业务人员代表一部分人，甚至他会提对他有利的需求，RA 人员要和多个客户交流，可能会发现有冲突的需求，那就应当提出来并报请会议或相关人员核实。（4）在初步了解业务的时候，要防止陷入细节，要控制节奏避免客户天马行空，应当掌握调研的主动权，引导客户从独立的业务模块逐步开始讲起，这样才能建立起对整体业务的初步概念而不至于造成"瞎子摸象"的尴尬局面。

整合访谈记录如图 9-1、图 9-2、图 9-3 和图 9-4 所示：

业务目标
实现薪酬管理业务信息化
➢ 减少工作量
➢ 掌握工资情况
规范薪酬管理
➢ 提高薪资管理的准确性

图 9-1　业务目标

涉众人员
员工
项目经理
部门经理
薪资审核委员会(综合管理部、总经理、董事长、财务部)

图 9-2 涉众人员

涉众人员	期望
员工	➢ 查看本人薪资记录 ➢ 查看本人考勤记录 ➢ 处理考勤异常 ➢ 处理薪资异常
项目经理	➢ 查看下属员工的薪资记录
部门经理	➢ 查看本部门薪资汇总情况
综合管理部	➢ 自动统计每月薪资表 ➢ 管理维护薪资表 ➢ 管理维护考勤记录 ➢ 审批流程自动化
总经理	➢ 查看各部门薪资汇总情况
董事长	➢ 查看各部门薪资汇总情况
财务部	➢ 审核薪资表 ➢ 快速生成符合银行规格的薪资表并发送至银行

图 9-3 主要涉众期望

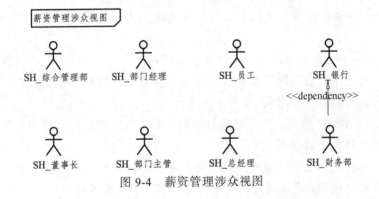

图 9-4 薪资管理涉众视图

9.1.2 业务建模

经过需求准备阶段，我们对于项目概况有了大致了解，对涉及的人员也有初步的识别并汇总了他们在系统中的期望，接下来在理解上述内容的基础上，作为 RA 人员可以逐步深入业务层次获取更多信息。RA 访谈业务人员，模拟对话如下：

RA：在公司薪酬管理系统运行之前，我们当前处理的主要流程是怎样的，也就是说你现在的工作现状是怎样的？

业务人员：当前的主要流程是这样的：综合管理部出考勤表，员工可以登入 OA 系统开始处理异常考勤工作，处理完毕以后，就从考勤机导出考勤原始数据通过人工汇总计算交给综合管理部，然后综合管理部通过人工汇总计算制定薪资表，将薪资表呈交至薪资审核委员会按顺序依次（综合管理部→财务部→总经理→董事长）审核薪资表，将审核后薪资表呈交至财务部出纳处，财务部出纳收到薪资表后按照银行要求的格式整理成文档提交到银行，银行收到薪资表后发放薪资。薪资发放完毕后，会通过企业邮箱向各员工发送工资条，员工可以根据工资条查看是否有异常情况，如果有则向部门经理进行异常薪资处理，如果确实是工作失误，则出纳下月进行调整。然后，我这里还有很多表格，薪资表，员工信息表，给领导看的薪资汇总统计数据，异常薪酬申诉表……

RA：这些表格和数据还请后面一起发我们一份，而且这里讲的过程还是挺多的，我们能不能把工作的主要业务总结分析一下呢，可以更加有目的地说明一下，也就是把手头的业务说一下，这些业务的名称是什么？

业务人员：好的，主要业务包括处理考勤异常、制定薪资表、审核薪资表、发工资以及处理薪资异常。当然为了支撑这些业务还要有必要的其他模块，例如，员工信息、岗位级别、考勤记录、五险一金计算……

RA：好的，我们后面再讨论配套，能不能将这些业务是谁发起的，他做这件事的目的是什么，请描述一下呢？

业务人员：没问题。处理考勤异常一般是员工发起的，但是有时间限制，每月 5 号之前发起才有效；制定薪资表是综合管理部负责初表，但是要其他部门审核，就是审核薪资表，公司有薪资审核委员会，里面财务部门和公司的高层基本都在里面，经过审核后才是真正的薪资信息；发工资就是出纳做的事情，他们按照银行的要求发薪资给他们；处理薪资异常也是员工发起的，主要就是看自己的工资有没有发错，就是少发了没有，多发也不会有人说，哈哈……

RA：对对对……工资审核过程中出现问题如何解决？

业务人员：各级审核发现问题都要驳回至综合管理部，重新调整薪资表。所以工作量很大啊，因为公司的人员一直在增长……

RA：好的，刚才我们提到了员工如果对考勤结果有异议可以进行申诉，具体申诉形式是什么？向谁申诉？整个申诉过程又是什么样的呢？

业务人员：员工登入系统在每月 1 到 5 号对考勤异常提交修改申请，提交申请至部门经理后（部门经理进行审批，审批通过，转至综合管理部，审批不通过，打回），提交至综合管理部后（综合管理部进行审批，审批通过，转至财务部，审批不通过，打回），提交至财务部后（财务部进行审批，审批通过，转至综合管理部，审批不通过，打回），提交至综合管理部进行修改并结束。

RA：薪资审核委员会如何对薪资表进行审核呢？

业务人员：综合管理部主管制定出薪资表后，进行初次审核（若审核通过则将薪资表呈交至财务部主管处，若不通过则打回综合管理部重新审核）后，将薪资表呈交至财务部主管处；财务部主管对薪资表进行审核（若审核通过则将薪资表呈交至总经理处，若不通过则打回综合管理部重新审核）后，将薪资表呈交至总经理处；总经理对薪资表进行审核（若审核通过则将薪资表呈交至董事长处，若不通过则打回综合管理部重新审核）后，将薪资表呈交至董事长处，董事长对薪资表进行审核（若审核通过则将薪资表呈交至财务部出纳，若不通过则打回综合管理部重新审核）。

RA：具体财务部是如何进行薪资发放的？

业务人员答：财务部得到审核后的薪资表并确定薪资发放方式，进行薪资发放。薪资发放方式：将银行指定薪资表发送至银行，银行进行网上汇款（全额薪资）；将银行指定薪资表发送至银行，银行进行网上汇款（部分薪资）；财务部支付现金（部分薪资）；财务部支付现金（全额薪资）。

RA：员工进行薪资申诉的过程是怎样的？

业务人员：员工可以在发放薪资后对薪资异常提交修改申请，提交申请至部门经理后（部门经理进行审批，审批通过，转至综合管理部，审批不通过，打回），提交至综合管理部后（综合管理部进行审批，审批通过，转至财务部，审批不通过，打回），提交至财务部后（财务部进行审批，审批通过，转至综合管理部，审批不通过，打回），提交至综合管理部进行修改并结束。

RA：记得将在平时工作当中的一些纸质或者电子档的单据、报表发送我们一份。我们以便提高调研准确度防止遗漏需求做一些需求的核实和对应工作。

业务人员：好的，整理后会发送给你们。

点评：（1）客户不会给你列出明确的用例，你要引导客户说出他的工作，引导他对自己工作进行总结，可以方便得出业务用例，判断业务用例是否合理以该用例是否完整地表达业务主角的一个目的为标准。（2）客户工作中的单据、表格等是进行数据表设计的基础，有必要全部收录一份。（3）业务建模阶段一定不要陷入实现的旋涡，在业务建模节点应当假设计算机是不存在的，即使要考虑计算机，计算机也应该是在管理边界以内，是内部业务工人和被动参与者。

整理访谈记录如图 9-5、图 9-6 所示（只列出部分信息）：

岗位	基本工资	岗位等级工资										管理津贴	保密津贴	午餐补贴	补贴合计	绩效工资	级差
		1	2	3	4	5	6	7	8	9	10						
副总经理	1500																
总监	1500																
副总监	1500																
部门经理、高级助理	1500																
主管类	1500																
高级销售	1500																
中级销售	1500																
初级销售	1500																
高级售前、咨询规划	1500																
中级售前、咨询规划	1500																
初级售前、咨询规划	1500																
专员类	1500																
助理类	1500																
实习生	1500																

图 9-5 岗位等级表

	部门	工 号	职工属性	姓 名	性别	籍贯	当前状态	注销功能	职称	招聘渠道	备注信息	在本公司的成长情况	绩效考核
3													
4	总经办												
5													
6													
7													
8													
9													
10													
11													

图 9-6 员工信息表

例如，在获取图 9-5 和图 9-6 的原始单据后，经过初步映射，结合方法论的在前面章节提及的原则和要求，形成了如图 9-7 和图 9-8 所示的业务对象。

	A	B
0	要素名	备注
1	岗位级别	1级、2级、3级……
2	岗位等级工资	根据岗位等级的不同对应的岗位等级工资不同
3	级差	例如：初级研发1级岗位的3000，2级是4000。极差是1000

图 9-7　业务对象-岗位等级

	A	B
0	要素名	备注
1	部门ID	员工所属部门
2	职工工号	员工工号（年月日+100 + 员工排序号，如201807100315）
3	姓名	
4	性别	
5	职工属性	分为正式员工、试用期、实习生、兼职
6	职称	
7	入职时间	年/月/日
8	身份证号码	
9	电子邮箱	姓.名@163.com(如：zhang.san@163.com)
10	电话号码	手机号码
11	通讯地址	
12	籍贯	
13	当前状态	在职、停薪留职、离职（需要备注何年何月何日离职）
14	注销功能	具体离职时间，离职当月工资在下个月发后，便为已注销，否则未注销
15	招聘渠道	社招、校招、推荐、离职再反
16	备注信息	

图 9-8　业务对象-员工信息

　　根据访谈记录，形成了反映业务总体流程的业务场景视图，如图 9-9 所示。反映薪资管理信息化目标的业务用例视图如图 9-10 所示。

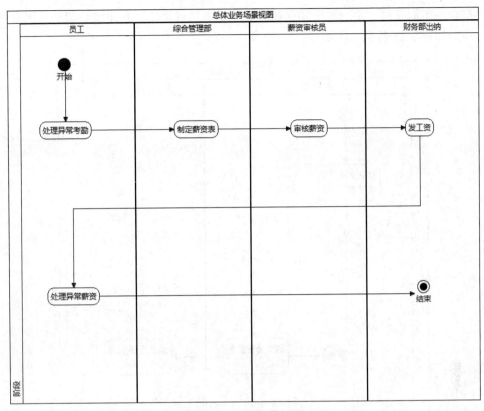

图 9-9 业务场景视图

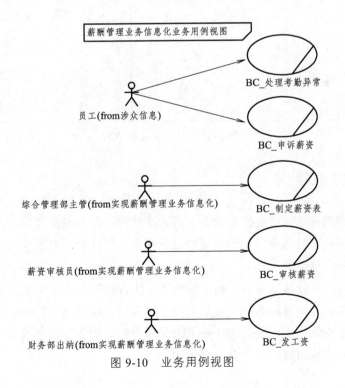

图 9-10 业务用例视图

根据业务用例视图，每个业务用例都会关联业务情景视图，这里举例说明发工资的业务情景活动图如图 9-11 所示。

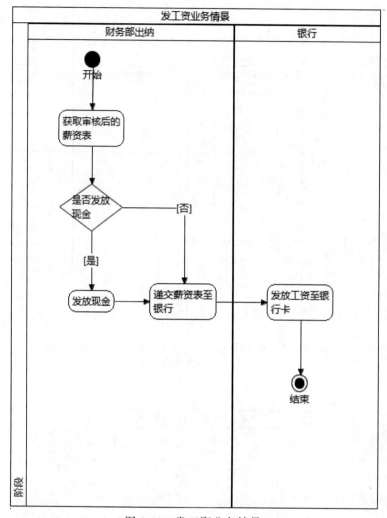

图 9-11　发工资业务情景

9.1.3　系统建模

需求分析员根据业务建模阶段的成果进行系统建模。站在系统实现的角度，深入实现的细节和具体实现信息，结合业务模型，进行系统建模，最终做出系统模型，以及界面原型，达到与客户进行需求确认的目标。

RA 人员会根据业务情景活动图画出反映系统执行的静态系统用例视图，并根据系统用例画出反映具体用户和计算机系统交互运行的系统情境活动图，然后再画出具体的原型界面，通过与业务人员的会话，RA 人员结合画出的图落实和细化系统建模细节问题。我们就其中发工资的用例开始模拟访谈过程，获取更多细节。

根据发工资的业务情景视图，RA 已经画出了如图 9-12 所示的发工资的系统用例视图，根据此用例视图，随后开始访谈，以便获取更多的细节。

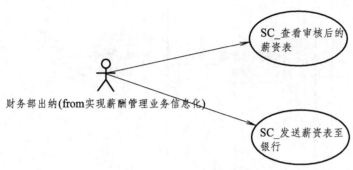

图 9-12　发工资系统用例视图

RA：这是我们目前根据需求所画出来的关于发工资的系统用例，主要有查看审核后的薪资表和发送薪资表到银行，那么针对发工资的系统用例，需要填写什么文件吗？或者有什么前提吗？以及具体处理过程是如何的？

业务人员：正如系统用例获取的，发工资的前提就是经过薪资审核委员会审核过的薪资表，最后这个表会传到财务出纳那里，薪资表之前就已经发给你们了，如果需要数据，我可以填写假数据，让你们做些参考。

RA：谢谢，这样最好。我可以在具体理解一下每个数据的意义，在系统中我们会将之前的薪资表格式化，形成薪资审核流程，结果就是审核的薪资表。这样是不是可以满足要求。

业务人员：可以，审核的单据结果是直接到出纳，而且一定是不允许修改的，因为这是工资。

RA：也就是出纳那边是不是只能查看，不能修改，那页面上就不能修改和新增信息了，我们提供生成 PDF 版本的薪资表是不是可以满足这个要求？

业务人员：对，出纳也只能看薪资表，导出的薪资表要符合银行的要求，但是也不能导出 PDF，因为银行要求的是 Excel 形式，而且各个月份的薪资表，在系统中可以随时生成查看，每次发完工资后的薪资表是不允许改动的，就算是生成后的薪资表，在审核期间若有修改也能有记录查看到是谁，什么时候修改的，修改了什么数据。

RA：哦，也就是薪资表所有的操作都要有日志，要能够追踪到每次的修改情况。

业务人员：对，就是要具有不可抵赖性。

RA：好的，这个我们可以在系统管理的日志中体现出来。

…………

关于日志管理部分，这里不做介绍，下面将发工资的主要系统情景视图展示，如图 9-13 和图 9-14 所示。

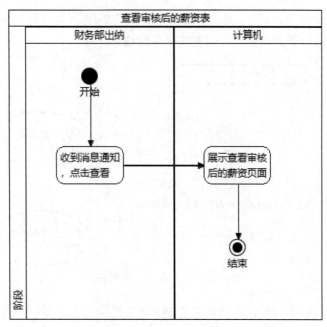

图 9-13　系统情景视图（1）

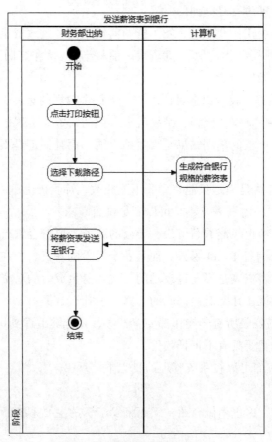

图 9-14　系统情景视图（2）

根据系统情景视图，结合业务人员给出的约束和要求，我们画出了初步的系统原型界面，以方便客户确定主要显示信息，页面的主要布局，功能和实现方式是否符合客户要求，当然这里也需要和客户经过几轮交互，确定最终的原型信息。这里展示的是主要界面，还有个别弹出界面和子页面，如图 9-15 和图 9-16 所示。

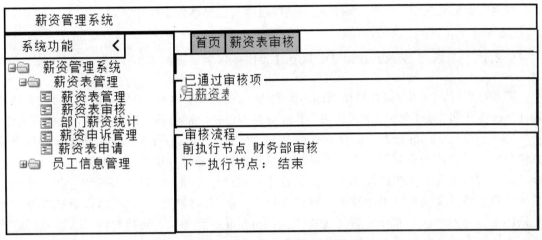

图 9-15 查看审核薪资-原型界面

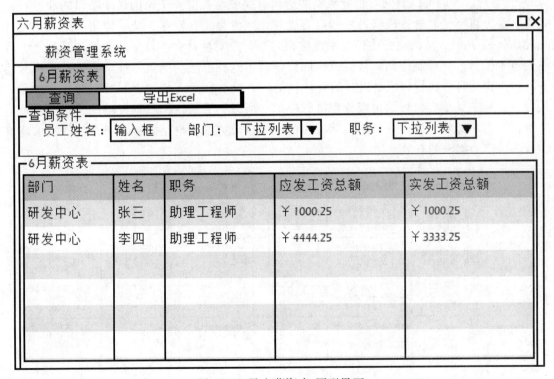

图 9-16 导出薪资表-原型界面

9.2 需求建模方法论特点

回顾了整个建模过程之后，我们也再次从另外一个角度体会了建模过程方法论，经过了这些章节的学习，也发现了建模过程方法论是有一些特点分散在各个阶段或者关联的几个阶段，那么让我们来总结一下整个方法论在建模过程中主要体现了哪些特点。

9.2.1 体现了 Zachman 和 Togaf 国际标准

需求建模过程方法论是在遵循国标 GB_T9385-2008 的基础上，结合国际上认可度较高的 Zachman 标准和 Togaf 框架，融入国内具体实际情况的一个能够真正落地实施的建模方法论。

方法论依据 Zachman 标准，建立如图 9-17 所示的软件工程全架构图，在需求建模过程方法论中，重点将企业规划、业务模型和系统模型部分通过方法论关联起来，在"正向可推导，反向可追溯"思想的指导下，方法论还将向设计工程、制造工程延伸，各位感兴趣的读者可以继续阅读和本书配套的《软件设计工程》《软件制造工程》，可以形成对整体方法论的了解。Zachman 框架体现了软件工程的可量化、可关联、可推导的几大特点。方法论在遵从几个特点的基础上，将方法论的建模过程具体与 Zachman 框架结合。例如，动机 Why 的单列，我们可以看到对企业战略的分解，是要与我们方法论的某个项目的业务目标关联，业务目标是对企业战略目标的有力支撑，两者是相互依存，共同作用的关系，而系统规划就是 RA 人员的业务建模和系统建模过程，是对项目业务目标的支撑和量化等，后面的技术模型、软件制造和软件运营也同样体现了这种思想。而且每种单元格，都有对其下一步工作的具体执行和主要内容的解释，例如，图 9-18 就是对业务目标的分解和细化，从方法论和工具落实执行的角度分别进行介绍。所以，需求建模过程方法论是既重视理论又重视执行的能够在软件项目中实际应用的一套建模方法，也是能够真正在软件需求建模中推动生产力提升的有效方法。

	动机(Why)	数据(What)	功能(How)	人员(Who)	时间(When)	网络(Where)
企业规划 (管理人员)	企业战略 战略目标 战略实施	重要业务对象 业务单据 业务单据状态	业务流程 业务活动 业务规则	涉众及组织结构 涉众人员 组织架构	重要事件列表 重要业务事件	业务执行地点列表 业务主要执行位置
业务模型 (业务人员/ 需求人员)	业务目标列表 业务目标	语义模型 业务对象 业务对象状态	业务过程模型 业务边界 业务场景 业务情景	业务角色 业务主角 业务工人 角色关系	需求跟踪矩阵 业务事件 业务周期	业务分布模型 业务地点 业务连接
系统模型 (需求人员)	系统规划 功能规划 非功能规划	数据模型 概念实体 ER关系图	系统过程模型 系统场景 系统原型	系统角色 系统用户 用户关系	系统事件 系统约束 处理周期	系统部署模型 服务器 线路属性
技术模型 (设计人员)	技术路线 技术选型 技术架构设计	物理数据模型 物理表 数据字典	系统设计 功能模块 界面设计 服务和构件	系统用户 用户界面 业务服务设计	执行事件 服务接口 服务设计 执行时长	技术体系架构 软/硬件 线路说明
软件制造 (开发人员)	技术路线 技术架构 开发标准及规范	数据功能实现 数据对象 数据查询	应用程序 功能模块 构件开发 页面开发	测试用户 授权身份 功能操作 业务逻辑处理	程序结构 中断调用 机器时间	网络体系架构 地址 协议
软件运营 (终端用户)	系统验证 功能验证 非功能验证	数据使用 数据提供 数据消费	系统执行 用户操作 业务流转	操作用户 业务处理 数据汇总 数据分析	业务进度 审核节点 执行节点	网络 线路

图 9-17 Zachman 框架

	输入	过程	输出
方法论	1.业务调研表 2.业务汇总分析表 2.业务目标分析获取 规范	1.实施业务目标获取 规范，以问题方式引 导过程及层级别 2.记录业务分析过程 3.总结业务分析过程	业务目标列表
支撑工具	1.业务调研模板 2.业务目标表格	1.形成业务调研记 录文件 2.关联并总结提炼 业务目标	业务目标

图 9-18　业务目标的分解

Togaf 框架是一个开放的行业标准的体系架构，它能被任何希望开发一个信息系统体系架构在组织内部使用，在方法论中我们剪裁使用了 Togaf 框架的部分内容，遵从了其主要思想和原则。主要体现在：（1）贯彻了以需求管理为中心，方法论的建设和演化都是以需求为中心，按照从上到下，逐步求精。（2）遵从了小循环大迭代的思想，方法论整体建模过程是一个不断反馈，不断迭代的过程，在相关联的阶段内部，又可以通过相互关联，相互检查，相互核实，来完善和修正建模模型。（3）建模方法论在本书中只涉及需求阶段，但是在整个丛书中是一个整体，需求过程是后面设计及制造的基础，也融入了项目管理的思想，是进行任务评估和分配的基础。

9.2.2　基于场景进行业务需求建模

需求工程方法论提出了基于业务场景的需求建模过程，总体遵循"正向可推导，反向可追溯"的原则，从需求阶段即采取有效的措施尽量将工作进行量化，从标准、阶段、方法等多个角度对需求过程进行建模，并通过一系列的方法和措施为软件工程后续阶段的量化和关联打下基础，从而实现软件开发全过程的有据可依，有法（原则、任务）可依。其总体过程大致如下：

1. 需求准备

根据项目之前的可行性分析报告、技术协议、调研记录（包括会议、访谈等）分析总结汇总形成具体可量化的业务目标，一般使用表格展示最终结果。

同时，根据项目利益相关方列表、单位组织结构、岗位职责和各种调研记录，将统计所有相关涉众信息，并使用 UML 用例图表现涉众间的依赖和继承关系，最后使用列表罗列每个涉众对当前业务系统的期望，并根据对实际项目的影响程度和重要程度对涉众的每个期望赋予优先级，作为后续设计和开发任务分派的基本依据。

2. 业务建模

根据已经量化的业务目标，针对每个业务目标分别结合与此相关的涉众进一步划分出来的业务角色建立业务边界。即，为每个业务目标划分业务边界，对此业务有主观发起愿望的角色赋予业务主角，被动参与此业务目标的人员被称为业务工人。

针对每个业务边界，继续量化为使用 UML 的业务用例图建模，如实反映现实业务问题，形成反映具体某个业务场景的业务用例视图，作为业务场景的静态展示视图。

针对业务用例视图中的每个业务用例，使用 UML 活动图（泳道图）继续细化和分解，结合业务主角和业务工人，将业务用例需要表达的业务执行过程动态展示出来，形成业务情景视图。另外，针对每个活动图无法表达的前置/后置条件（来自于业务用例），涉及的业务实体等使用业务用例规约表，显式表达出来。

同时，针对所有业务用例形成反映实际业务流程的业务场景视图（活动图），业务场景视图中的活动全部由业务用例汇总形成。通过两者的结合检测业务场景是否满足业务需求，检测业务用例是否有超出范围或遗漏的情形出现。

针对业务实际中存在的单据、报表等信息，进行初步拆分和统计，形成业务实体，方便后续节点的演进和使用。

3. 系统建模

针对业务情景视图中的活动，遵循在计算机系统中执行的活动，通过直接关联、拆分、演绎等多种手段映射为系统用例。系统用例发起人员即为系统的用户。多个系统用例结合业务场景形成计算机中执行的系统用例场景视图。

针对每个系统用例向下分解形成反映具体计算机执行过程的系统情景视图（活动图）。

针对每个系统情景视图，通过原型界面工具，绘制反映计算机动态执行系统情景的原型页面，结合概念实体，原型界面主要为客户展示界面布局和核心业务字段信息。若干个原型界面通过前台界面内部的 Form 表单元素、界面按钮、数据列表等，后台的业务 Business 处理逻辑方法以及最终关联处理的实体 Entity，形成结构化的表格表达形式，将系统原型界面执行过程形式化、规范化，方便后续设计的开展。

系统用例按照业务用例视图范围向上汇总即形成反映计算机系统执行业务过程的系统模块视图。

概要视图是一种虚拟视图。由原型界面中的各个系统情景中的前台页面元素、业务处理逻辑和关联实体经过自动统计形成的，主要用于汇总和去重，以及为设计和开发做好前期准备。

用户视图也是一种虚拟视图。由系统用例场景视图转换角度后形成，用户视图主要通过最终用户的角度，检测当前角色用户在系统中功能是否缺失、是否多余等，用以再次确定业务需求的采集是否真实有效地反映用户期望。

总体流程可参考图 9-19 建模过程方法所示。

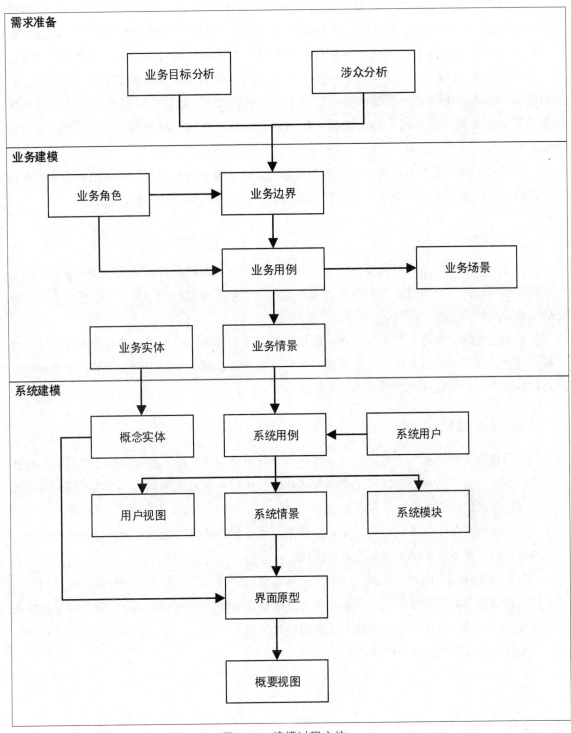

图 9-19 建模过程方法

9.2.3 UML 建模过程中用例与活动的转换

软件需求方法论提出了解决面向对象建模过程中用例图与活动图在动静态表达需求的时候粒度把握不统一、不标准、不便捷的一种方法。保证了用例粒度在各个阶段划分的一致性，为需求建模的标准化、一致化打下基础，并能成为设计及开发过程的参考依据。实现了业务用例-业务活动图-系统用例-系统活动图的前后关联和有效递进推导的关系。提出了业务过程到系统过程建模的推导原则和具体执行条件，能够在一定程度上解决目前用例和活动图编制无章可循的局面或编制的用例和活动图之间关联割裂，不具备推导或关联关系的状况。

在需求阶段将需求的建模划分为两个部分：业务建模和系统建模。用例图和活动图在两个阶段都有应用，且存在关系。用例图与活动图之间在不同阶段的转换过程如下。

1. 业务建模

业务用例场景绘制。根据客户现实的业务情况，需求调研人员绘制反映实际业务现状的业务用例图，是一种通过静态业务用例场景反映现实业务问题的表达形式，多种业务用例组成一个完整的业务执行过程。

针对业务场景中的每个业务用例，使用活动图（也称泳道图）描述其具体动态的执行过程。每个业务用例分解对应一个描述动态执行过程的活动图。业务用例与业务活动图有一一对应的关系，确保粒度的准确和易于把握。

2. 系统建模

系统建模主要是从系统实现后系统用户与计算机之间交互的角度来描述业务执行过程的问题。因此，系统用例及系统活动图都应从计算机执行角度来描述问题，与业务用例有明显的差异和不同，两者并非一一对应关系。

系统用例来源于业务活动图。业务活动图中的具体活动可以通过直接映射、拆分执行、取消或演绎三种不同的情景演化为系统用例。

针对每个系统用例向下继续一一对应分解形成反映具体计算机执行过程的系统活动图。系统用例演化为系统活动图的原则就是能够反映出某个用户完成某次完整的业务功能操作的全过程，计算机执行应具备一次或若干次前后台的交互。

总体转换过程如图 9-20 所示。

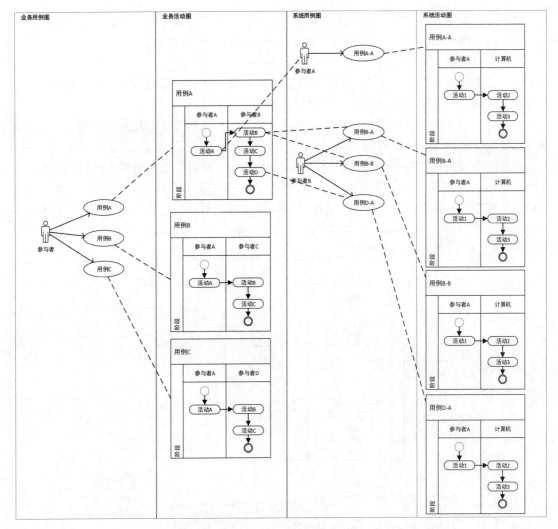

图 9-20　用例与活动转换方法

9.2.4　基于业务用例的业务流程生成方法

方法论提出一种基于用例的业务流程的生成方法，其总体思想是将业务用例视图中的业务用例汇总演化为活动图（泳道图）的活动，并按照活动图的绘画方式，形成描述业务执行过程的业务流程图的一种方法。其主要过程如下：

（1）将业务用例中的参与者依次列出泳道，并将参与者信息修改到相关泳道。

（2）将已经画好的业务用例视图相应的业务用例在活动图中作为节点依次列出。

（3）将参与者和已经转换为活动的业务用例，按照业务用例视图的参与者与业务用例关系依次摆放整齐。

（4）将所有活动节点，依据之前对业务的理解进行连线，并做出判断等，使得各活动之间产生关联，参与者能够与业务用例的参与者对应。

（5）完善初始和结束节点，形成完善的业务流程视图。

由上述形成业务流程的方法可知，通过分析角色、业务用例之间的关系，可以快速生成业务流程图如图 9-21 所示。这种方法与普通业务流程图的区别在于：

确保了用例图中的用例与业务流程内的动作一一对应。

解决了在分析需求时，不清楚如何把握业务流程图中活动粒度的情况。使用方法论业务流程生成方法，只要将业务用例视图完成即可生成业务流程图。

在确保用例视图用例粒度一致的前提下，保证了业务流程图活动粒度的一致，保证了参与角色与活动的一致。

可以较为清楚地判断是否符合客户真实的业务场景，能够对业务用例视图建模产生校验和检查作用。如果客户反映活动超出其工作范围，则表明业务用例视图调研超过边界；若客户反映职责范围内工作未能完全表达，则表明业务用例视图调研未能全面覆盖业务范围。

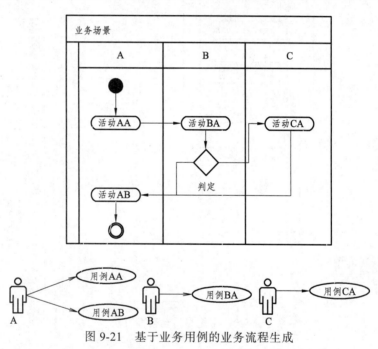

图 9-21　基于业务用例的业务流程生成

9.3　小　结

本章通过对薪酬管理模块建模过程的回顾，重新梳理和总结了一次方法论建模的主要步骤和核心工作。然后结合建模过程总结分析了方法论建模与其他建模方法的不同之处，是对其他方法论的借鉴参考和深化创新应用，最后重点说明了需求建模过程方法论的特点。

10　元数据管理在需求工程中的应用

随着当前人工智能以及大数据的爆炸式发展，元数据作为其他大规模数据挖掘的基础支撑在不同场景中得以应用和发展，那么在需求工程中我们又可以从哪些方面做些工作，以提高我们需求建模的规范化、智能化以及结构化呢？本章节就从方法论的下一步发展和深入建设的角度进行探索。

10.1　元数据及其管理

互联网从开始到现在已经快速经历了电子商务、商业智能、大数据、人工智能……我们好像已经见识了一切。但是，谁又能想象未来是什么样子？在可预见的未来，管理数据、信息和知识的需求和速度（如果还没有的话）将成为业务驱动因素，而这也离不开元数据，元数据是支撑其他领域飞速发展的基石。

元数据是在 IT 工具中记录的信息，它可以改进数据、数据相关过程的业务和技术理解。这个定义比通常行业的定义"关于数据的数据"要长得多，但是它从另一个角度解释了元数据，更加强调元数据的管理过程，可能更加有利于结合我们当前的工作需要。针对当前的应用，元数据最大的好处是，它使信息的描述和分类实现格式化，从而为机器处理创造了可能，并对下一步结合语义分析进行需求智能化推荐起到支撑作用。

我们结合需求建模过程的难点，提出了业务规则元数据。业务规则元数据描述业务如何使用其数据进行操作。业务规则元数据描述定义数据使用的实体关系、业务场景规则、人员规则等。业务规则元数据通常就存在于需求建模过程或者存在于使用工具、需求调研文档、电子表格或其他工具之外维护的其他形式的文档中，是我们实现需求建模资料库、知识库、规则库建设的基础。

当然，我们一般讲究"言行一致"，上述关于元数据的定义和描述是元数据在需求建模过程中进一步应用的愿景，但是如何对元数据进行管理，作为"行"，却是眼前不能不面对的问题。

所谓无规矩不成方圆。在实际应用过程中元数据管理还面临着困难，一个很重要的原因就是缺乏统一的标准。目前在业界，元数据的管理主要有两种方法：

（1）对于相对简单的环境，按照通用的元数据管理标准建立一个集中式的元数据知识库。

（2）对于比较复杂的环境，分别建立各部分的元数据管理系统，形成分布式元数据知识库，然后，通过建立标准的元数据交换格式，实现元数据的集成管理。

了解了元数据的定义和管理的基本方式，那么在我们的需求建模中该如何应用元数据为我们服务呢？下一节，我们就从元数据基本元素定义和需求模型模板定义等多个方面介绍。

10.2　需求工程元数据管理

元数据管理是通过采集来自企业内数据仓库领域内的技术、业务元数据、过程元数据，为企业提供端到端的元数据服务。在需求工程中，对元数据的管理也是至关重要的，可以通过元数据将需求工程中会用到的数据进行管理，方便使用交互。

需求建模过程中我们定义了两个重要的成果物：需求分析报告和需求规格说明书。那么我们可以在建模工具中定义模板，将模板划分为更细致的需求建模元素，继续对需求过程中需要的相关元素进行元数据定义、建模和管理，可以为每个元素定义自己的相关属性（包括元素定义、描述范围、元素作用、格式、取值范围、约束条件、联系等属性），可以实时扩展各个元素的属性，使元素属性具备伸缩性，适应实际的需求。例如，我们可以对业务目标元数据进行定义和管理，可以对涉众元数据进行定义和管理等。

在我们的需求建模过程方法论中遵循"正向可推导，反向可追溯"的总体原则，大家经过学习，也应该清楚，方法论整体是前后关联的，方法论中还有若干元素的演化线路。例如：在业务建模阶段，在有了业务目标后我们才能进行正确的业务边界划分，在业务边界的基础上结合涉众信息我们建立了业务用例视图等。而元素之间的关系我们也可以进行元数据定义及管理。针对每个元素以及它们之间相互的联系，就可以通过元数据血缘分析和影响分析进行表达，当其中一个数据变化时，可以根据关联找到对应的、需要改变的其他数据，保证前后描述及数据的一致性。在元数据仓库中，需求相关文档模板中的各个元素都是以具体的形式放在了数据仓库中，相关的人员在获得对应权限的基础上，可以对元数据进行增删查改等相应操作。

这种对元数据元素的管理也符合 Zachman 标准框架中关于需求建模过程的描述，而建模过程方法论本身也遵循和执行这个国际框架标准，并将其本地化、实例化，在本书的第 9 章也有介绍。

需求工程中的元数据管理是在遵循具体的规范标准条件下，提供端到端的元数据管理，提供了清晰定义和分析跟踪业务运作历史数据的实际可行的解决方案。元数据的最大好处就是它能够使信息的描述、分类实现格式化，从而为机器处理创造可能。

对于每一个元素都可以从不同的粒度对元数据血统和影响提供详细分析，从多个视角展示分析结果，也可以通过报告的形式展示具体的问题分析和解决方案。针对需求工程的元数据应用，具体可以做以下展望，并且提出了实现的方法和途径。

一方面，我们可以利用建模方法论中所有元素及其之间关系的元数据管理实现面向用户的需求建模过程文档的可配置化，以元素元数据为基础，根据客户需要将具体案例元素的实例化信息装配，快速形成符合用户需要的需求建模文档，快速响应客户要求，提高需求反馈效率。如图 10-1 所示。

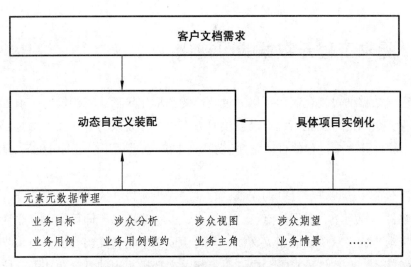

图 10-1　基于元数据管理的需求文档自定义

另一方面，基于对建模元素的元数据管理，可以汇集公司所有的项目需求文档资料，以及可以通过爬虫系统从互联网爬取相关行业需求信息，并通过语义分析（第 11 章）划分分词，自动标签标记，将所有的需求文档进行元数据管理，形成面向多种领域的需求工程知识库，为后续需求工程自动化、智能化提供基础支撑。如图 10-2 所示。

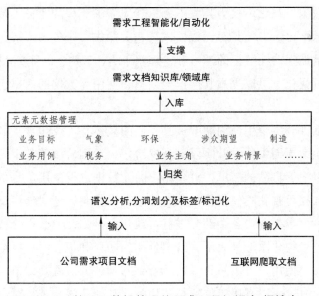

图 10-2　基于元数据管理的需求工程知识库/领域库

需求工程元数据管理在一定程度上为接下来要描述的需求工程元数据的可视化提供了原材料。将采集的元数据放在元数据仓库中，并对元数据进行管理，才可以实现对元数据的方便使用。需求工程元数据为后续文章提到的标记、标签化奠定了基础，为模板的生成提供了坚实的基础。

10.3　需求工程元数据的可视化

需求工程元数据的可视化表示可以通过具体的图形化界面，直观展示需求工程中的元数据。需求工程元数据的可视化不仅可以方便业务人员、开发人员等相关人员对元数据进行相应操作，也为软件开发全过程的自动化提供基础，同时也遵循了"正向可推导，反向可追溯"的原则。

随着人工智能化的推进，社会的需求、软件的需求阶段和人工智能相结合，最终使软件开发像安装软件一样简单，只需要点击"下一步，下一步……"即可完成，并且通过软件需求平台可以自动生成需求阶段的相关文档，自动生成需求相关文档在下面的章节会做详细描述，此处不做赘述。在软件需求平台中，需求相关文档模板中的各个元素可以借助可视化技术在元数据仓库中查询，并将查询后的结果，经过可视化平台的便捷式操作，拖拽显示在平台的模板生成界面上，并结合模板中的关于元素的描述信息根据需求选择性生成可配置化的模板。整个元数据管理的过程是迭代进行的，有相应权限的工作人员可以直接在可视化界面对元数据进行定义、修改和删除等。在元数据仓库中存在的各个元素会根据实际情况打上标记和标签，标记和标签在后续章节会做详细描述，此处不做赘述。

需求工程的元数据可视化不仅为某些不熟悉具体需求流程的业务人员、需求分析人员提供了元数据直观展示平台，方便其对元数据进行相关操作，避免去了解元数据的内部结构，还可以引导相关人员加强对元数据的学习和管理水平；对于熟悉的业务人员、需求分析人员，需求工程的元数据可视化也可以提高其操作元数据和使用元数据的效率，提高软件需求建模的工作效率。

元数据仓库是软件开发全生命周期中极其重要的载体，不仅包含了需求阶段的元数据，还包括软件开发全生命周期中的设计阶段、开发阶段、运维阶段等各个阶段的所有元数据。不同阶段的人员可以根据自己的需求，对仓库中的元数据进行使用。

需求工程的元数据可视化不仅仅将采集的元数据可视化，还对元模型管理、元数据采集管理、元数据管理、元数据分析各个部分进行可视化。例如，元数据分析部分的血缘分析和影响分析，直接通过可视化图形来表示，给出具体的图形和报表对分析结果进行展示，报表是对图形的细节说明，使用户可以一目了然地看到其具体的流程及细节。在实际的项目中，当有某一个元素变化时，可以直接定位到与其相关的其他元素，进行对应的修改。

总的来说，需求工程中的元数据管理不仅能够将需求建模过程的元素进行规范化和结构化的管理，而且能够建立基于元数据的知识库和领域库，为实现需求工程的智能化和自动化推荐奠定基础，当然这少不了语义分析的支撑，那么下一章节就从语义分析的角度展望需求工程的发展前景及应用。

10.4　小　结

本章对元数据的相关知识进行了介绍，读者在对元数据的基本概念以及元数据的过程管理知识了解并理解的基础上，能够发现元数据在需求工程中的必要性。针对其必要性，描述了需求工程中的元数据，为读者提供了一定的思考和展望空间，也为需求建模过程方法论的下一步演进及升级指明了方向。

11 语义分析在需求工程中的应用

经过了前面章节的讲解，大家应该会想如果在软件工程需求阶段能够借助自动化、智能化工具生成我们所需的各类文件、方案等，无疑会为我们在软件开发中节约大量资源、时间。那么为了达到这个目标，我们需要从哪几个方面来进行规划呢？在接下来的介绍中，将会从不同的方面为大家一一讲解。

11.1 需求工程的语义分析

随着科技的突飞猛进，大数据和人工智能在当今社会中处于越来越重要的地位，扮演着越来越重要的角色。在大数据提供海量数据的前提下，人工智能的发展得到了原材料，各类人工智能产物层出不穷。AlphaGo、无人机（车）、扫地机器人等各类智能产品都能够体现人工智能的强大。语义分析作为人工智能分支之一的自然语言处理（NLP）的一个部分，也在各个领域广泛运用。

此章作为本书的最后一章，也是展望部分，主要为大家介绍如何将需求工程与人工智能的各项技术相结合，最终达到智能化、自动化需求工程。正如标题所体现的需求工程的语义分析，那么需求工程中的语义分析具体是指什么呢？接下来，本小节的内容将会为读者对需求工程的语义分析做详细介绍。

11.1.1 自然语言处理分析

首先，读者先来了解一下自然语言处理（NLP）。自然语言处理是计算机科学领域与人工智能领域中的一个重要方向。它研究实现人与计算机之间用自然语言进行有效通信的各种理论和方法，是一门融语言学、计算机科学、数学于一体的科学。

自然语言处理，即实现人机间自然语言通信，或实现自然语言理解和自然语言生成。然而，要想达到真正的自然语言通信是十分困难的，造成困难的根本原因是自然语言文本和对话的各个层次上广泛存在的各种各样的歧义性或多义性。

一个中文文本从形式上看是由汉字（包括标点符号等）组成的一个字符串。由字可组成词，由词可以组成词组，由词组可以组成句子，进而由一些句子组成段、节、章、篇。在上述的各种层次，由下一层次向上一层次转变中都存在着歧义和多义现象，即形式上一样的一段字符串，在不同的场景或不同的语境下，可以理解成不同的词串、词组串等，并有不同的意义。一般情况下，它们中大多数都是可以根据相应的语境和场景的规定而得到解决。

案例&知识：

在自然语言处理中，一个常用的案例就是："欢迎新老师生前来就餐"，作为我们通常的语境来说，我们会将其理解为"欢迎|新老师生|前来|就餐"，这样理解的前提是我们有一定的习俗、惯性、知识的沉淀。然而，对于机器来说，如果没有相应的语境和场景，机器就可能会理解为"欢迎|新老师|生前|来|就餐"。这样的理解，对于我们来说感觉有点儿不可思议，但是事实上，机器在处理自然语言时，却会出现这样的处理场景。

所以，通常情况下，自然语言处理必须要有一定的语境和场景来显式地告诉机器语句的处理前提。为了消解歧义，是需要极其大量的知识和进行推理的。这样，才能够提高机器处理自然语言的准确率，也能够方便机器的处理结果供人们所利用。

因此，如何将这些知识较完整地加以收集和整理，又如何找到合适的形式将它们存入计算机系统中去，以及如何有效地利用它们来消除歧义，都是工作量极大且十分困难的工作。这不是少数人短时期内可以完成的，还有待长期的、系统的工作。

以上说的是，一个中文文本或一个汉字（含标点符号等）可能具有多个含义。它是自然语言理解中的主要困难和障碍。反过来，一个相同或相近的意义同样可以用多个中文文本或多个汉字串来表示。

因此，自然语言的形式（字符串）与其意义之间是一种多对多的关系，这也正是自然语言的魅力所在。但从计算机处理的角度看，必须消除歧义，而且目前有部分研究者认为它正是自然语言理解中的中心问题，即要把带有潜在歧义的自然语言输入转换成某种无歧义的计算机内部表示。

目前存在的问题有两个方面：一方面，迄今为止的语法都限于分析一个孤立的句子，上下文关系和谈话环境对本句的约束和影响还缺乏系统的研究，因此分析歧义、词语省略、代词所指、同一句话在不同场合或由不同的人说出来所具有的不同含义等问题，尚无明确规律可循，需要加强语用学的研究才能逐步解决。另一方面，人理解一个句子不是单凭语法，还运用了大量的有关知识，包括生活知识和专门知识，这些知识无法全部贮存在计算机里。所以，目前深度学习、神经网络的迅猛发展，为我们解决上述问题提供了有效手段。

11.1.2　神经网络分析

通过上述的介绍，相信读者能够基本了解自然语言处理的基本含义。随着社会的发展，人工智能在 NLP 上的应用也越来越丰富，特别是各种神经网络模型在 NLP 上的多场景应用，产生了文本分类、情感分析、中文分词等成果。

那么这些神经网络具体有哪些分类呢？每个神经网络模型在哪些方面更擅长呢？相信读者们都听过类似卷积神经网络（CNN）、循环神经网络（RNN）、深度神经网络（DNN）这样的名词。那接下来的内容作为抛砖引玉，为读者简单介绍业界常用的神经网络模型。

1. 卷积神经网络

卷积神经网络（Convolutional Neural Network，CNN）是一种前馈神经网络，它的人工神经元可以响应一部分覆盖范围内的周围单元，它包括卷积层和池化层，在大型图像处理、图像分类、物体检测、物体追踪、文本检测识别等方面都有出色表现。

卷积神经网络是近年发展起来，并引起广泛重视的一种高效识别方法。20世纪60年代，Hubel和Wiesel在研究猫脑皮层中用于局部敏感和方向选择的神经元时发现其独特的网络结构可以有效地降低反馈神经网络的复杂性，继而提出了卷积神经网络。现在，CNN已经成为众多科学领域的研究热点之一，特别是在模式分类领域，由于该网络避免了对图像复杂的前期预处理，可以直接输入原始图像，因而得到了更为广泛的应用。K.Fukushima在1980年提出的新识别机是卷积神经网络的第一个实现网络。随后，更多的科研工作者对该网络进行了改进。

一般地，CNN的基本结构包括两层，其一为特征提取层，每个神经元的输入与前一层的局部接受域相连，并提取该局部的特征。一旦该局部特征被提取后，它与其它特征间的位置关系也随之确定下来；其二是特征映射层，网络的每个计算层由多个特征映射组成，每个特征映射是一个平面，平面上所有神经元的权值相等。特征映射结构采用影响函数很小的sigmoid函数作为卷积网络的激活函数，使得特征映射具有位移不变性。此外，由于一个映射面上的神经元共享权值，因而减少了网络自由参数的个数。卷积神经网络中的每一个卷积层都紧跟着一个用来求局部平均与二次提取的计算层，这种特有的两次特征提取结构减小了特征分辨率。

CNN主要用来识别位移、缩放及其他形式扭曲不变性的二维图形。由于CNN的特征检测层通过训练数据进行学习，所以在使用CNN时，避免了显示的特征抽取，而隐式地从训练数据中进行学习；再者由于同一特征映射面上的神经元权值相同，所以网络可以并行学习，这也是卷积网络相对于神经元彼此相连网络的一大优势。

2. 循环神经网络

虽然卷积神经网络带来了一定的成果，解决了一部分问题，可是在实际的应用方面（比如：自然语言处理等方面），通常会需要借助当前处理单元的前期信息才能更好的为当前处理单元做出判断。随着深度学习的发展，为了解决这些问题，提出了循环神经网络。

循环神经网络（Recurrent Neural Network，RNN）是一种节点定向连接成环的人工神经网络，是由神经网络专家如Jordan，Pineda，Williams，Elman等在上世纪80年代末提出的。这种网络的内部状态可以展示动态时序行为。不同于卷积神经网络，循环神经网络RNN可以利用它内部的记忆来处理任意时序的输入序列，这让它可以更容易处理如不分段的手写识别、语音识别等。在自然语言处理方面，RNN相对于CNN具有更大优势，目前业界常用RNN来处理自然语言相关问题。循环神经网络逻辑结构图如图11-1所示，根据逻辑结构图，我们能够明显看到前一个处理单元的信息被下一个处理单元有效利用，这是循环神经网络的一个显著特点。

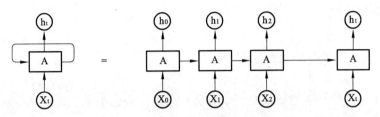

图 11-1 循环神经网络结构图

循环神经网络的本质特征是在处理单元之间既有内部的反馈连接又有前馈连接。从系统观点看，它是一个反馈动力系统，在计算过程中体现过程动态特性，比卷积神经网络具有更强的动态行为和计算能力。循环神经网络现已成为国际上神经网络专家研究的重要对象之一。

提到循环神经网络，不得不提的就是循环神经中最有名、也是应用最广的 LSTM（长短期记忆网络）。它是一种时间递归神经网络，适合于处理和预测时间序列中间隔和延迟相对较长的重要事件。目前，LSTM 已经在科技领域有了多种应用。在学习翻译语言、控制机器人、图像分析、文档摘要、语音识别图像识别、手写识别、控制聊天机器人、预测疾病、点击率和股票、合成音乐等方面，都能看见 LSTM 的身影。

3. 深度神经网络

深度神经网络（Deep Neural Network，DNN），是近几年在工业界和学术界新兴的一个机器学习领域的流行话题。随着深度学习的蓬勃发展，传统的浅层神经网络已经不能满足人们的需求，因此，提出了深度神经网络，用更深层次的网络结果来提高模型准确性。最终事实也表明 DNN 算法成功地将以往的识别率提高了一个显著的档次。

人工神经网络起源于上世纪 40 年代，直到 2006 年深度网络和深度学习概念的提出，神经网络又开始焕发一轮新的生命。深度网络，从字面上理解就是深层次的神经网络，这个名词由多伦多大学的 Geoff Hinton 研究组于 2006 年创造。深度神经网络在做有监督学习之前要先做无监督学习，然后将无监督学习学到的权值当作有监督学习的初值进行训练。

深度神经网络可以发现未标记、非结构化数据中的潜在结构，而现实世界中的数据绝大多数都属于这一类型。非结构化数据的另一名称是原始媒体，即图片、文本、音视频文件等。因此，深度神经网络最擅长解决的一类问题就是对现实中各类未标记的原始媒体进行处理和聚类，在未经人工整理成关系数据库的数据中，甚至是尚未命名的数据中识别出相似点和异常情况。

综上所述，卷积神经网络、循环神经网络、深度神经网络在不同的应用场景下都有各自的优势。CNN 主要运用在图像方面；RNN 以及 RNN 的衍生物 LSTM 在处理序列化数据方面（文本）具有较好的效果和一定的优势；DNN 在非结构化数据的处理上有明显优势。

然而，在自然语言处理的场景下，循环神经网络和深度神经网络的联合使用能够在为自然语言处理带来好的处理方法和结果。因此，为了达到需求工程的语义分析，我们可以采用循环神经网络和深度神经网络模型。

介绍了能够被我们有效利用的模型，那支撑这些模型的基础框架也显得至关重要了，俗话说："工欲善其事必先利其器"。那么接下来的小节将会介绍目前在人工智能、深度学习方面，业界常用的智能框架。

11.1.3　人工智能框架分析

首先，先了解清楚什么是语义分析。读者如果通过搜索引擎查找语义分析，其给出的定义通常是"语义分析是编译过程的一个逻辑阶段，语义分析的任务是对结构上正确的源程序进行上下文有关性质的审查，进行类型审查。语义分析是审查源程序有无语义错误，为代码生成阶段收集类型信息。"然而，这个解释好像跟读者想的不一样，也没有解释清楚的感觉。那本文中所指的语义分析是什么呢？其实，自然语言处理中的语义分析主要是对自然语言本身自带的语义进行分析（包括字、词、词组、句子、段落等），可以使用不同的方式将语义所表示的本体含义表示出来。

在运用人工智能、机器学习、深度学习等方法的过程中，相信读者都会借助一些热门的人工智能框架来帮助自己实现功能。实际上，Tensorflow、Caffe、Theano、Deeplearning4j 等框架在搭建模型、训练模型等方面都发挥着重要的作用，这些工具都可以让读者根据实际情况选用来搭建所需的模型。因此，本小节接下来对现在流行的机器学习框架以及工具做一些简单介绍。

TensorFlow 是一个相对高阶的分布式深度学习框架，它支持自动求导，用户不用再通过反向传播求解梯度；通过 SWIG 实现了 Python、Java、go 等接口；有内置 TF.Learn 和 TF.Slim 等组件能快速设计新网络；轻松实现深度学习以外的机器学习算法（只要将计算表示为计算图）；面向内存足以装载模型参数环境，最大化计算效率；具有灵活移植性、极快编译速度和可视化组件；支持分布式深度学习。此外，TensorFlow 包含了常见的网络结构，是将复杂的数据结构传输至人工智能神经网中进行分析和处理过程的框架。TensorFlow 可用于图像处理、语音识别、自然语言处理、图像识别等多项机器深度学习领域。

Caffe 是一个被广泛使用的开源深度学习框架，Caffe 有以下的优势：容易上手，网络结构都是以配置文件形式定义，不需要用代码设计网络；训练速度快，能够训练 state-of-art 的模型与大规模的数据；组件模块化，可以方便地拓展到新的模型和学习任务上；Caffe 核心是 Layer，最开始设计时的目标只针对图像，没有考虑文本、语音或时间序列的数据，对 CNN 支持很好，但是对 RNN、LSTM 支持不充分；拥有大量训练好的经典模型；在计算机视觉领域应用多；面向学术圈和研究者、运行稳定、代码质量高，是一个主流的工业级深度学习框架；理论上，不用写代码，定义网络结构就可以完成模型训练；Caffe 在 GPU 上训练性能好，但目前仅支持单机多 GPU 训练；借助 Spark 的分布式框架实现 Caffe 的大规模分布式训练。

Theano 是一个高性能的符号计算及深度学习库，其核心是一个数学表达式的编译器，专门为处理大规模神经网络训练的计算而设计。其具有以下优势：集成 NumPy，可以直接使用 NumPy 的 ndarray，API 接口学习成本低；计算稳定性好，可以精准计算输出值很小的函数；

动态的生成 C 或 CUDA 代码，用以编译成高效的机器代码，对卷积神经网络的支持很好。

Deeplearning4j 是一个基于 java 和 Scala 的开源分布式深度学习库，其核心目标是创建一个即插即用的解决方案原型，Deeplearning4j 拥有一个多用途的 n-dimensional array 的类，可以方便地对数据进行各种操作；拥有多种后端计算核心，用以支持 CPU 及 GPU 加速；可以与 Hadoop 及 Spark 自动整合，同时可以方便地在现有集群上进行扩展；DL4J 的并行化是根据集群的节点和连接自动优化，可被用于图像识别、自然语言处理等多项领域。

在各种框架的支持下，对需求工程的相关文档集进行语义分析将会成为一个能够实现落地的任务和目标。分析需求工程文档也能够为后续章节介绍的需求文档标记、标签，软件文档自动生成以及软件系统设计方案的智能推荐提供坚实可靠的基础。

基于框架工具的协助，读者怎样使用工具来完成语义分析呢？语义分析主要包括什么内容呢？读者不用着急，在接下来的小节中，将会带读者了解基本的语义分析的研究内容。

11.1.4 语义分析概括

语义分析（Semantic Analysis）指运用各种机器学习方法，学习与理解一段文本所表示的语义内容。语义分析是一个非常广的概念，任何对语言的理解都可以归为语义分析的范畴。一段文本通常由词、句子和段落来构成，根据理解对象的语言单位不同，语义分析又可进一步分解为词汇级语义分析、句子级语义分析以及篇章级语义分析。一般来说，词汇级语义分析关注的是如何获取或区别单词的语义，句子级语义分析则试图分析整个句子所表达的语义，而篇章语义分析旨在研究自然语言文本的内在结构并理解文本单元(可以是句子从句或段落)间的语义关系。

简单地讲，语义分析的目标就是通过建立有效的模型和系统，实现在各个语言单位（包括词汇、句子和篇章等）的自动语义分析，从而实现理解整个文本表达的真实语义。

在应用上，语义分析一直是自然语言处理的核心问题，它有助于促进其他自然语言处理任务的快速发展。读者可以通过以下案例看出语义分析在实际应用中的重要性。

案例&知识：

比如：语义分析在机器翻译任务中有着重大的应用。在过去 20 多年的发展历史中，统计机器翻译主要经历了基于词、基于短语和基于句法树的翻译模型。目前已有相关研究将词汇级语义应用于统计机器翻译，并取得一定的性能提高，基于句子级、甚至篇章级语义的统计翻译一直是未来的研究方向。

再比如，基于语义的搜索一直是搜索追求的目标。所谓语义搜索，是指搜索引擎的工作不再拘泥于用户所输入请求语句的字面本身，而是透过现象看本质，准确地捕捉到用户所输入语句后面的真正意图，并以此来进行搜索，从而更准确地向用户返回最符合其需求的搜索结果。

这种基于语义的搜索无疑为搜索引擎提供了一个很好的发展方向，以后读者可以基于语义进行搜索，毫无疑问能够提高搜索覆盖率。

语义分析同时还是实现大数据的理解与价值发现的有效手段。伴随着互联网技术的迅猛发展和普及以及用户规模的爆发式增长，互联网已经步入了"大数据"时代，大数据已成为我们面临的常态问题，语义分析与大数据在某种程度上其实是互为基础的。一方面，如果想得到更准确的语义分析结果，需要大数据的支持，即从大数据中挖掘并形成更大、更齐全、更准确的知识库，而知识库对语义分析的性能有着重要的影响。另一方面，如果想从大数据库中挖掘出更多、更有用的信息，人们需要用到语义分析等自然语言处理技术。总的来说，大数据为语义分析的发展提供了契机，但离开语义分析，基于大数据的信息获取、挖掘、分析和决策等其他应用，也将变得寸步难行。

语义分析分为词汇级、句子级、篇章级语义分析 3 种类型。那么每一种类型需要完成的任务是什么呢？接下来，将简单的介绍每种类型主要需要实现的内容。

词汇级的语义分析主要体现在如何理解某个词汇的含义，主要包含两个方面：第一，在自然语言中，一个词具有两种或更多含义的现象非常普遍。如何自动获悉某个词存在着多种含义，以及假设已知某个词具有多种含义，如何根据上下文确认其含义，这些都是词汇级语义研究的内容。在自然语言处理领域，这又称为词义消歧。第二，如何表示并学习一个词的语义，以便于计算机能够有效地计算两个词之间的相似度。

句子级的语义分析试图根据句子的句法结构和句中词的词义等信息，推导出能够反映这个句子意义的某种形式化表示。根据句子级语义分析的深浅，又可以进一步划分为浅层语义分析和深层语义分析。

篇章级语义分析是指由一系列连续的子句、句子或语段构成的语言整体单位，在一个篇章中，子句、句子或语段间具有一定的层次结构和语义关系，篇章结构分析旨在分析出其中的层次结构和语义关系。具体来说，给定一段文本，其任务是自动识别出该文本中的所有篇章结构，其中每个篇章结构由连接词，两个相应的论元，以及篇章关系类别构成。篇章结构可进一步分为显式和隐式，显式篇章关系指连接词存在于文本中，而隐式篇章关系指连接词不存在于文本中，但可以根据上下文语境推导出合适的连接词。对于显式篇章关系类别，连接词为判断篇章关系类别提供了重要依据，关系识别准确率较高；但对于隐式篇章关系，由于连接词未知，关系类别判定较为困难，这也是篇章分析中的一个重要研究内容和难点。

讲解了那么多语义分析相关的基础知识后，相信读者一定会有这样的疑惑：这些内容对于需求工程的语义分析有什么具体的联系吗？它们之间是怎么协同工作的呢？读者不必慌张，在接下来的学习中，本书带领读者学习需求工程的语义分析。

11.1.5 需求工程语义分析

在当代的社会发展中，可以通过运用各种机器学习方法，挖掘与学习文本、图片等的深层次含义。语义分析方法就是通过分析语言的要素，句法，语境（上下文）来揭示词和语句意义的研究方法。自然语言处理中语义分析就是要分析出一段文本所表示的含义（概念及概念之间的关系）。语法分析更着重于形式上的符号之间的关系，往往是对一句话的分析；而语义分析则是要对整段文档进行分析。那么需求工程融入语义分析后，能够达到什么效果呢？

需求工程阶段最重要的文档产物就是需求分析报告和需求规格说明书，为了达到我们之前说的需求工程自动化，那么分析需求分析报告和需求规格说明书的内容就成为了一种必不可少的研究内容。

前几个小节已经介绍了语义分析需要强大的语料库来能解析出文档表达的真实含义，因此，我们需要对尽可能多的需求分析报告和需求规格说明书进行收集、整理，作为模型的输入。根据上述介绍的智能框架，可以设计出语义模型，将整理的文档数据作为输入去训练模型，最终获取到文档表达的语义。

需求工程融入了语义分析后，需求分析报告和需求规格说明书可以借助语义分析获取需求文档表达的真实含义，能够被用来智能化显示出需求分析结果，帮助人们更好的理解分析整个需求相关文档。

需求工程是整个软件开发全生命周期中最重要的一个阶段，因此，需求工程的产物需求分析报告和需求规格说明书的"自动化"也会成为未来软件工程研究的一个重要方向。通过特定的需求文档模板，将整个需求相关文档自动生成是后续章节重点描述的内容，在此处就不做赘述。

11.2　需求文档的标记、标签化

对需求文档进行语义分析后，我们只能够得到其表达的内在语义，但是要想到达需求文档的自动生成，我们还需要完成更多的工作。其中的关键一步即是需求文档的标记、标签化。通过标记、标签化，我们才能够灵活方便地生成适用于各种业务场景的需求文档。

11.2.1　文档标记化

从需求工程出发，进而衍生到需求文档的标记、标签化，再到需求文档的自动生成，这是时代发展的必经途径，也是软件需求工程在人工智能发展浪潮下的一个重要的体现。首先，为了让读者能够更清楚地理解需求文档中标记、标签化的作用，读者必须先了解需求文档标签、标记化的基本概念以及它们分别具有的特征。对于大部分读者来说，或许标签和标记在某些特定情况下代表着近似的含义，但是在此处需求文档中的标记和标签有着不同的含义。它们两者具有各自的特点，两者之间的相互合作才能为需求文档自动生成提供基础条件。

标记是对描述对象的结构、内容主题特征的表达。标记是整个需求文档的构架，标记具有以下的属性：

（1）标记可分级、可分类（类似于目录结构）。

（2）结构是静态的，主题是动态的。

（3）标记可动态取舍，可裁剪。

为什么需要标记呢？标记的这些属性能够起到什么作用呢？实际上，整个需求文档的结构如上述所说是静态的，但是每个主题是动态的，因此，标记就成为了定义静态结构的一个载体。通过标记，可以定义出文档的目录结构，标记是用来确定描述的对象主题。不同的业务场景下，文档的结构是需要自适应，在标记的帮助下，用户能够方便地转化文档静态结构，定义出符合自己所需的业务场景的需求文档。

读者此时肯定会想：一直在说标记，那么标记的基础是什么呢？需要在什么东西上面进行标记呢？其实，显而易见，标记的基础就是需求分析报告和需求规格说明书模板。需求分析报告和需求规格说明书模板是以软件需求工程理论为基础设计完成的，它包含了需求分析报告和需求规格说明书的全部要素，具有一定的完备性。

11.2.2　文档标签化

那么说完标记后，标签又有什么样的作用呢？它对于需求文档的生成提供了什么样的基础呢？实际上，标签是指对需求文档主题的动态定义，对于同一个业务场景，不同的用户可能会使用同样的文档静态结构，但是每个结构的主题却可能会出现不同的差异，此时，标签的作用便得以明显的体现。用户可以在使用相同结构模板的过程中，根据实际的业务需求进行标签的动态修改（即主题的动态修改），具有强灵活性和实用性。

标签是对具有相同或相似特征描述内容的抽象符号表达，是一个可替换的符号表达。标签具有以下的属性：

（1）可分层、可分类（可以嵌套标签）。

（2）可识别、可解析。

（3）可组合（同级标签之间能够组合形成更广功能标签）。

标签即是变量的抽象化（类似于学习一门语言时的一个变量，这个变量的值是可以随时改变的，但是本身的这个变量是一个常性的存在，是一个标识），标签是用于描述文档的规范化。标签也具有分层、分类的属性，不同层级的标签具有不同的属性，通过标签可以将内容进行动态修改以适应各种用户需求的需求相关文档。与标记相同，标签的基础也是需求工程系列文档（需求分析报告和需求规格说明书）。

其实，任何一篇需求分析文档的内容类似于一个乐高积木模型，编写一份完整的需求文档相当于搭建一个乐高积木模型。需求文档是由不同的章节合并而成，而搭建乐高模型同样也是由一个个积木堆积而成，需求文档的编写是按照实际业务场景的需求将不同的模块拼装成适合用户需求的需求文档，而搭建积木也是按照固定的模式（模板图）进行拼凑。因此，在标记、标签的基础上，读者只要遵循标记、标签的规则，通过一步步的积累，最终完成一个符合自己业务的需求文档。

11.2.3　标记、标签的合作

将需求文档的章节作为标记，标记能够体现需求文档的整体框架，标记可组合的属性可以让用户在生成需求文档时确定所需的文档主体。每一个标记下所属的内容可以经过分析后进行标签化。

根据需求文档的相关模板（需求分析报告模板和需求规格说明书模板），能够明确在需求文档中有一部分的内容对于大多数的系统或者项目都是兼容的，都具有普适性。所以，软件文档的复用性也是软件开发全过程中需要考虑的一个方面。经过语义分析，可以将不变的语句和词组固定，将会产生改变的词语或者句子打上标签，打上标签的部分可以根据系统的具体业务场景，在用户编写需求相关文档时进行实时替换。

标签和标记并不是隔离分开的，两者之间有着密不可分的关系，多个标签可以依附于某个标记，标签的实例化完成了标记的特征化。通过合适的标记、标签，能够为需求文档自动生成提供一个良好的坚实基础，也让需求文档自动生成有一条切实可行的道路。

对于需求文档的标记、标签化，可以采用半监督的方式（手动+自动），在初期可以先根据实际的经验采用手动方式对需求模板进行标记、标签，经过时间和经验的沉淀，以及用户的反馈。能够在合适的工具上借助语义分析的基础通过机器自动对模板进行标记、标签，提高软件自动化效率。通过手动（前期）和自动（后期）相结合的方式，将需求文档模板的标记、标签不断完善升级，分阶段进行经验总结沉淀迭代，最终，达到形成的需求模板能够适用于任何类型系统的需求文档的编写。

然而，在完成文档的标记、标签过程中，读者也可以参考各种已经成型的开源的文本标注工具。接下来，为读者介绍目前业界在使用的文本标记工具，每个工具在不同的场景下有不同的优势，此处只是简单说明，对其感兴趣的读者可以在其官网下载使用。

IEPY：IEPY 是一个专注于关系抽取的开源性信息抽取工具，它主要针对的是需要对大型数据集进行信息提取的用户和想要尝试新的算法的科学家。

DeepDive：Deepdive 是由斯坦福大学 InfoLab 实验室开发的一个开源知识抽取系统。它通过弱监督学习，从非结构化的文本中抽取结构化的关系数据 ，可以判断两个实体间是否存在指定关系。具有较强的灵活性，可以自己训练模型。前端比较简单，用户界面友好。

BRAT：BRAT 是一个基于 web 的文本标注工具，主要用于对文本的结构化标注，用 BRAT 生成的标注结果能够把无结构化的原始文本结构化，再提供给计算机处理。利用该工具可以方便地获得各项 NLP 任务需要的标注语料。

SUTDAnnotator：SUTDAnnotator 用的不是网页前端而是 pythonGUI，但比较轻量级，用户可以方便快捷的使用。

Prodigy：Prodigy 每一次的标注只需要用户解决一个 case 的问题。以文本分类为例，对于算法给出的分类结果，只需要点击"正确"提供正样本，"错误"提供负样本，"略过"将不相关的信息滤除，"Redo"让用户撤回操作，四个功能键以最简单模式让用户进行标注操作。

11.2.4　需求文档的自动生成

根据前面两个小节：需求工程语义分析，需求文档标记、标签化的介绍，相信读者已经对需求文档的自动生成有了一定的灵感，对需求文档的自动生成有了更多的憧憬，想要了解更多信息。别着急，此小节将重点介绍需求文档的自动生成。

随着科技的进步，人工智能、机器学习、深度学习等技术的发展，相信读者都冒出过类似于"软件'自动生成'"这类想法。实际上，在当今社会，软件发展的各个方面都有着自动生成的"信号"，例如测试用例自动生成、代码自动生成等，这些名词相信读者都对其有一定耳闻。

然而，本书要提出的就是需求文档自动生成。目前，软件工程领域并没有比较出色或完备的软件自动化工具（平台），需求文档的自动生成无疑是软件需求工程在人工智能应用的一个重要里程碑，需求文档的自动生成不仅能够为需求人员减少一大部分的文档编写工作量，而且能够提高文档编写规范性、完备性，进而提高软件开发全过程的效率。

文档自动生成是自然语言处理的一个研究难点，文档自动生成的研究是一个需要一定的需求数据、需求应用场景前提下才能完成的工作，而且需要采集需求各方面的要素，进行配合才能完成。前面章节提到的需求数据收集、标记化、标签化都为文档的自动生成提供了实际基础。当然，在这整个需求过程中，借助一个需求工具（平台）无疑能够帮助获取汇总需求要素，促进需求文档有效快捷的自动生成。

实际上，需求文档的自动生成的确需要借助平台的支撑才能发挥重要的作用。平台工具能够将需求文档模板的标记、标签结果固化，用户可以在需求平台上按照向导完成需求分析的所有流程、要素，在其过程中可以根据实际情况进行取舍。根据实际的需求业务场景，用户只需在需求平台中统一地填写需求各个阶段对应的内容，需求平台便能够智能化地为用户提供业务建模和系统建模等各种工具，用户根据向导完成对应的业务需求分析，当用户在平台上完成整个需求分析流程后，点击"完成"按钮，就可以直接借助需求文档模板，生成最后的需求相关文档。当然，在整个过程中，用户可以根据实际业务需求转换标签、标记，生成符合业务场景的需求报告。

那么讲到这里，读者肯定会问：那需求分析报告是一成不变的吗？需求文档的维护怎么进行呢？实际上，需求文档自动生成的内容完整度是不断增加的，在初始阶段，需求工具能够辅助自动生成主体的文档内容，用户只需填写少数的补充描述内容即可得到一份完整的需求文档。

然而，随着需求文档的不断生成，需求平台会积累各种不同业务的需求相关文档，这就为需求文档库的建立提供了一定的基础，需求文档库的建立又能够进而为用户提供更加完善的需求文档自动生成工具。

经过时间的积累、文档的沉淀，整个需求文档库中会有海量的需求相关文档（包含了需求分析报告和需求规格说明书）。有了海量数据的支持，在各种机器学习框架的基础上，可以对需求文档按照不同业务领域进行聚类（或分类），具有相似度的某一部分文档会被归纳为一个业务类别。在实际的软件开发中，有不同类型的系统开发，如管理系统，工作流引擎，申报系统等，不同类别的系统重点不同，分类后用户可以有规划的在具体的类别中找寻关键信息进行标签的替换填充。在完成一个实际业务过程中，用户也可以提取同类别的共性元素，补充特性，进而提高文档自动生成的完成度。当然，需求文档库的建立也能够为后续章节将介绍的基于语义的智能推荐提供基础条件。

根据前几章的讲解，相信读者能够清楚地知道需求分析报告和需求规格报告书具体是由哪些部分组成，每个部分的重点要素是什么。但是因为实际业务情况，每个项目的侧重点不同，每一份需求文档可以适当地对各个章节进行调整，突出重点。因此，文档自动生成可以根据用户的实际需求生成相应内容的文档，这也使得自动生成的文档具有普适性。

任何一篇需求分析文档都有着自己的中心和主题，需求平台可以根据每个系统的特性，附加上用户的选择方式，生成适合用户需求的需求文档。软件需求工程文档的自动生成将成为软件工程与人工智能结合的一个突出产物，不仅能够增加软件文档的复用率，也促进了人工智能与软件工程其他阶段（如：设计阶段、开发阶段、测试阶段、运维阶段）的结合。最终，实践出能够实际解决软件开发过程中出现的问题的路径方法。

11.3　基于语义的智能推荐

推荐系统相信是读者经常听到的名词,那究竟推荐系统是什么呢？它具体有哪些方法和模型来实现呢？它与需求工程有哪些结合点呢？接下来,本小节将会一一为读者解答这些疑问。

11.3.1　推荐方法概述

互联网的出现和普及给用户带来了海量的信息，满足了用户在信息时代对信息的需求，但随着网络的迅速发展，网上信息量的大幅增长，使用户在面对海量信息时无法快速准确地从中获得对自己真正有用的信息，反而花了更多时间去过滤无用信息，这样对于用户而言，信息的使用效率反而降低了，这就是所谓的信息超载问题。

解决信息超载问题一个非常有潜力的办法就是推荐系统，它是根据用户的信息需求、兴趣等，将用户感兴趣的信息、产品等推荐给用户。和搜索引擎相比，推荐系统能够通过研究用户的兴趣偏好、历史记录等信息，发现用户的兴趣点，从而推荐用户需要的有用信息，过滤大量无效信息。一个好的推荐系统不仅能为用户提供个性化的服务，还能和用户之间建立密切关系，让用户对推荐产生依赖。

推荐系统现已广泛应用于很多领域，其中最典型并具有良好的发展和应用前景的领域就是电子商务领域，例如国外的亚马逊、Netflix 公司等；国内的网易云、豆瓣等。除了商业界，学术界对推荐系统的研究热度也一直很高，推荐已经逐步形成了一门独立的学科。

推荐系统可以由不同的推荐方法来实现，其具体方法有：基于内容的推荐、协同过滤推荐、基于关联规则推荐、基于效用推荐、基于知识推荐、组合推荐等。

（1）基于内容的推荐：它是建立在项目的内容信息上做出推荐的，而不需要依据用户对项目的评价意见，更多地需要用机器学习的方法从关于内容的特征描述的事例中得到用户的兴趣资料。在基于内容的推荐系统中，项目或对象是通过相关的特征和属性来定义，系统基于用户评价对象的特征，学习用户的兴趣，考察用户资料与待预测的项目的相匹配程度。

其优点是：不需要其他用户的数据，没有冷启动问题和稀疏问题。能为具有特殊兴趣爱好的用户进行推荐。能推荐新的或不是很流行的项目，没有新项目问题。其缺点是：要求内容能容易抽取成有意义的特征，要求特征内容有良好的结构性，并且用户的口味必须能够用内容特征形式来表达，不能显式地得到其它用户的判断情况。

（2）协同过滤推荐：协同过滤技术是推荐系统中应用最早和最为成功的技术之一。它一般采用最近邻技术，利用用户的历史喜好信息计算用户之间的距离，然后利用目标用户的最近邻居用户对商品评价的加权评价值来预测目标用户对特定商品的喜好程度，系统从而根据这一喜好程度来对目标用户进行推荐。协同过滤最大优点是对推荐对象没有特殊的要求，能处理非结构化的复杂对象，如音乐、电影等。

协同过滤是基于这样的假设：为一用户找到他真正感兴趣的内容的好方法是首先找到与此用户有相似兴趣的其他用户，然后将他们感兴趣的内容推荐给此用户。其基本思想非常易于理解，在日常生活中，人们往往会利用好朋友的推荐来进行一些选择。协同过滤正是把这一思想运用到推荐系统中来，基于其他用户对某一内容的评价来向目标用户进行推荐。

和基于内容的过滤方法相比，协同过滤具有一定优点：能够过滤难以进行机器自动内容分析的信息，如艺术品，音乐等。可以共享其他人的经验，避免了内容分析的不完全和不精确，并且能够基于一些复杂的，难以表述的概念（如信息质量、个人品味）进行过滤。有推荐新信息的能力，可以发现内容上完全不相似的信息，用户对推荐信息的内容事先是预料不到的。这也是协同过滤和基于内容的过滤一个较大的差别，基于内容的推荐在大多数情况下推荐的都是用户本来就熟悉的内容，而协同过滤可以发现用户潜在的但自己尚未发现的兴趣偏好，能够有效地使用其他相似用户的反馈信息，加快个性化学习的速度。

协同过滤从不同点出发还可以分为：基于内存的协同过滤和基于模型的协同过滤。虽然协同过滤作为一种典型的推荐技术有相当广泛的应用，但协同过滤算法仍有许多的问题需要解决，最典型的问题有稀疏问题和可扩展性问题。

（3）基于关联规则的推荐是以关联规则为基础，把已购商品作为规则头，规则体为推荐对象。关联规则挖掘可以发现不同商品在销售过程中的相关性，在零售业中已经得到了成功的应用。基于关联规则推荐的第一步关联规则的发现最为关键且最耗时，是算法的瓶颈，但可以离线进行。其次，商品名称的同义性问题也是关联规则的一个难点。

（4）基于效用的推荐是建立在对用户使用项目的效用情况上计算的，其核心问题是怎么样为每一个用户去创建一个效用函数，因此，用户资料模型很大程度上是由系统所采用的效用函数决定的。基于效用推荐的好处是它能把非产品的属性，（例如：提供商的可靠性和产品的可得性等）考虑到效用计算中。

（5）基于知识的推荐在某种程度可以看成是一种推理技术，它不是建立在用户需要和偏好基础上推荐的。基于知识的推荐在所用的功能知识不同上会有明显区别。效用知识是一种关于一个项目如何满足某一特定用户的知识，因此能解释需要和推荐的关系，所以用户资料可以是任何能支持推理的知识结构，它可以是用户已经规范化的查询，也可以是一个更详细的用户需要的表示。

（6）由于各种推荐方法都有优缺点，所以在实际中，组合推荐经常被采用。研究和应用最多的是内容推荐和协同过滤推荐的组合。最简单的做法就是分别用基于内容的方法和协同过滤推荐方法去产生一个推荐预测结果，然后用某种方法组合其结果。尽管从理论上有很多种推荐组合方法，但在某一具体问题中并不见得都有效，组合推荐一个最重要原则就是通过组合后要能避免或弥补各自推荐技术的弱点。

在组合方式上，有研究人员提出了七种组合思路：

加权：加权多种推荐技术结果。

变换：根据问题背景和实际情况或要求决定变换采用不同的推荐技术。

混合：同时采用多种推荐技术给出多种推荐结果为用户提供参考。

特征组合：组合来自不同推荐数据源的特征被另一种推荐算法所采用。

层叠：先用一种推荐技术产生一种粗糙的推荐结果，第二种推荐技术在此推荐结果的基础上进一步做出更精确的推荐。

特征扩充：一种技术产生附加的特征信息嵌入到另一种推荐技术的特征输入中。

元级别：用一种推荐方法产生的模型作为另一种推荐方法的输入。

相信读者看到这里已经对常用的推荐方法有了一定的了解，那么接下来，本书将会带领读者学习推荐系统在需求阶段的应用。

11.3.2 基于语义的设计方案推荐

经过了前面章节讲解的需求模板标记、标签化后，再通过语义分析的帮助，就能够自动生成适应于用户要求的需求文档。对于生成的文档，需求平台可以根据用户的特征、使用范围等相关信息，对其通过分类器（分类模型）进行分类，判断出此文档是属于哪一种业务的需求文档，并对需求文档带上具体的业务属性，然后，将所有带属性的需求文档都分类存放在需求文档知识库中，供需求分析人员的选择和使用。

需求阶段的顺利完成标志着系统设计的开始，系统设计阶段在软件开发的全生命周期中也扮演着重要的角色，一个合适优秀的系统设计是软件开发的基础，不仅可以提高开发效率，还能够让开发的软件更加具有实用性、适用性。因此，通过对需求文档的分析，智能化推荐出当前需求所对应的系统设计方案也会大大节约时间、缩减整个软件开发的成本消耗。

需求分析整个阶段完成了对现实世界的业务建模和计算机世界的系统建模，这些需求基础环节都为系统设计分析提供了基础和素材。在系统设计阶段，一个合适的系统设计方案至关重要，这是对需求阶段的扩展也是对开发编码阶段的前提铺垫，相当于一个总纲。在设计人员拿到需求阶段的需求分析报告和需求规格说明书后，精确快速地分析出需求阶段的重点要素，并能够快速进入到设计，这个过程不仅需要设计人员的经验，并且还具有一定的难度。此时，一份智能推荐的系统设计方案无疑会给系统设计人员带来便利和曙光。

在传统的软件开发过程中，设计人员在获取需求文档后，会主观去找寻文档中的要素，但是不同的人对于同一份需求文档可能会产生不同的理解，因此，需要设计人员与需求分析人员不断的对接讨论才能达成一致的理解。然而，系统设计方案的智能自动推荐可以帮助设计人员解决此问题。推荐给设计人员的系统设计方案是根据在海量数据中分析、挖掘出的信息，因此，可以为设计人员提供一定的参考和依据来验证自己的理解。

经过对需求文档的分类可以确定其属性，再对设计知识库中存放的各种设计模式进行语义匹配，得到合适的系统设计方案。而且在匹配过程中，避免了传统的基于关键字的字符匹配，采用了基于语义的匹配，通过潜在的语义空间找出语义相近的词语或者句子进行匹配，并且将匹配结果根据相似度的高低进行排序，借助平台可视化呈现，自动化为用户推荐设计方案。

当然，并不是必须要有完善的需求分析才能推荐设计方案，当用户在某一业务场景下，使用平台工具后，平台工具会记录用户的使用信息，并且根据用户对平台的使用情况，采用协同过滤推荐算法，结合用户使用平台的偏好，在历史记录中为用户寻找相类似业务场景的用户所选择的推荐方案，为不同的用户制定不同的个性化推荐方案。因此，通过这种方式的推荐，可以为设计人员提供满足其需求的设计方案。

然而，要想达到基于语义的设计方案推荐，必须要有工具的支撑来记录用户的使用和偏好，也需要记录不同的设计方案，并将其存放在设计知识库中。随着设计知识库中知识的不断累积、沉淀，设计知识库中的知识会不断增多，这就为设计方案的推荐提供了数据支持，随着不断的迭代更新，用户被推荐的设计方案会变得越来越准确。

随着社会的发展，软件的智能化、自动化生产在大数据、人工智能的浪潮中已经成为了一个发展趋势，软件的自动化无疑会减少软件生产过程中各个环节的资源消耗，提高软件的复用效率。其中，以推荐为向导的智能软件开发工具（平台）也必然会受到大众的喜爱，成为提供软件生产过程中的利器，帮助设计人员提高准确性。

系统设计方案的智能推荐会根据实际情况为设计人员推荐出多种设计方案，这些方案具有不同的推荐等级，根据推荐等级由高到低排列，设计人员可以根据对系统的需求具体选择某一种设计方案，再对选择的设计方案不断完善，最终根据设计方案对整个系统进行设计，这不仅仅可以帮助设计快速获取需求阶段要素，提高软件开发效率，同时也增加了软件开发的准确性和完备性。

11.4 小 结

根据当今社会的发展趋势，本章将人工智能的相关知识与需求工程相结合，给读者介绍了文档标记、标签以及软件自动生成的思想过程，并提出了基于语义的智能推荐，智能推荐的结果能够为后续的设计阶段提供坚实有力的铺垫。读者可以根据提出的理论思想，运用各类工具，在实践中去验证，从而更加深刻地理解整个思想理论。

附录 A　术语及词汇

（1）RA（Requirement Analyst）：需求分析员。

（2）SA（System Analyst）：系统分析员。

（3）Zachman 框架：由约翰·扎科曼（John Zachman）在 1987 年创立的全球第一个企业架构理论，其论文《信息系统架构框架》至今仍被业界认为是企业架构设计方面最权威的理论，是其他企业架构框架的源泉。

（4）TOGAF 标准：开放组体系结构框架（TOGAF）是一个行业标准的体系架构框架，它能被任何希望开发一个信息系统体系架构在组织内部使用的组织自由使用。TOGAF 企业版 v8 是为开发企业架构的一个详细的方法和相关支持资源的集合。

（5）需求工程：需求工程领域包括理解产品必需的能力和属性相关联的项目生存期的所有活动。需求工程包括需求开发和需求管理，是系统工程和软件工程的一个分支学科。

（6）需求：描述了客户需要或目标，或者描述了为满足这种需要或目标，产品必须具有的条件或能力。需求是这样一种特性，要求产品必须要为涉众提供价值。

（7）系统需求：包含多个子系统的产品高层需求，这些子系统可以全部是软件，也可以既有软件又有硬件。

（8）需求开发：一种过程，包括定义项目范围，确认用户类和用户代表，并获取、分析、编写规格说明和确认需求等，需求开发的产品是需求基线，定义了所要构建的产品。

（9）需求管理：对已定义的产品需求的管理过程，跨越整个产品开发过程和产品使用寿命。包括跟踪需求状态、管理需求变更和需求规格说明书的版本，并对其他项目阶段和工作产品的单个需求加以跟踪。

（10）范围：当前项目将实现的最终产品前景中的某一部分，在项目范围内和项目范围外之间绘制了一个边界。

（11）业务目标：又称业务前景，是对要建设系统的展望。

（12）参与者：系统之外与系统交互的某人或某物。

（13）涉众：积极参与项目的一个人、小组或组织，受产品结果的影响，或影响产品的结果。

（14）客户：一类项目涉众，他们请求、付款、选择、规定、使用或接受某一产品产生的输出。

（15）用户：直接或间接（例如，使用来自系统的输出，但并不亲自产生这些输出）与系统交互的客户，也称为"最终用户（end user）"。

（16）业务主角：与业务系统有着交互的人和事物，他们对系统有直接的目的。

（17）业务工人：业务工人是指被动参与业务，对系统没有明确目的的人员。

（18）业务边界：即需求的集合，是针对业务目标划分的系统界限，主要用于明确业务目标的服务者。

（19）用例：描述了执行者与系统之间逻辑上相关的可能交互集，系统的输出为执行者提供了价值。用例可以包含多个场景。

（20）业务用例：用于描述客户现有的业务流程，专门用于需求阶段的业务建模。

（21）业务用例场景：描述具体的业务用例在该业务的实际过程中的动态执行过程，即某个用例在实际过程中是如何做的。

（22）活动图：一种分析模型，它显示了系统的动态视图，方法是描绘从一个活动到另一个活动的流。活动图与流程图（flowchart）相似。

（23）业务需求：构建产品的组织或获得产品的客户的高层业务目标。

（24）业务规则：定义或约束业务某些方面的政策、原则、标准或规则。

（25）约束：设计和构造产品时，开发人员进行有效选择时必须强行接受的限制条件。

（26）数据字典：有关问题域重要的数据元素、结构和属性的定义的集合。

（27）数据流图：一种分析模型，它描绘了过程、数据集合、端点以及它们之间的流，这种流表现了业务过程或软件系统的行为特点。

（28）依赖关系：一个项目对它控制之外的外部因素、事件或团体的依赖。

（29）获取需求：通过面谈、专题讨论会、工作流分析和任务分析、文档分析和一些其他机制，确认软件需求或系统需求的一种过程。

（30）实体：收集和存储有关其数据的业务域中的一个条目。

（31）流程图：一种分析模型，它按照过程或程序的逻辑，显示了过程步骤和判定点。流程图与活动图相似。

（32）功能点：对软件规模大小的一种测量，这种测量是基于内部逻辑文件、外部接口文件、外部输入、输出和查询的数量和复杂度的。

（33）功能性需求：对在某些特定条件下系统将展示的必需的功能或行为的陈述。

（34）非功能性需求：对软件系统必须展示的特性或特点的描述，或软件系统必须遵照的约束，非功能性需求不同于可观察到的系统行为。

（35）后置条件：描述用例成功完成之后系统状态的一种条件。

（36）前置条件：用例开始之前必须满足的条件或系统必须达到的一种状态。

（37）原型：一个程序的部分、初步或可能的实现，用来探索和确认需求，并设计方案。

原型类型包括演化型原型、废弃型原型、书面原型、水平原型和垂直原型。这些原型可以综合使用，例如演化型垂直原型。

（38）需求变更：确定基线后，需求发生变动，这种变动是需要通过一定程序进行控制的。需求变更包含三种情况：需求改变（原来需求变化了）、新需求（原来不存在的需求）、需求建议（对原来需求提出更好的看法）。

附录 B 主要涉及的模板

1. 需求调研表

调研部门		调研对象	
调研时间		调研人	
项目名称			
需求类型	☐新建项目　☐在建项目补充　☑ 现有系统运维　☐＿＿＿＿＿		
调研目的			
调研内容	[调研内容和要求如果包含多条，请标注序号并逐一记录；如果文字量比较大可以另附文档说明。附录内容包括较为复杂或专业性的内容。如业务表格、地址表、地图、图纸、相关报表、统计结果、相关政策法规等。可另附文档]		
备注			

需求提出人：＿＿＿＿＿＿＿＿＿＿＿＿　　　　　　　　日期：＿＿＿＿＿＿＿＿＿＿＿＿

UML 在软件体系结构建模中的应用研究[J]. 重庆师范大学

6（03）：54-58.

程管理[M]. 北京：清华大学出版社，2003.

度模型 CMM 方法及其应用[M]. 北京：人民邮电出版社，

模[M]. 北京：清华大学出版社，2003.

的原理、组成与应用[M]. 北京：科学出版社，2002.

s for the study of software architecture[J]. ACM SIGSOFT

, 17(4): 40-52.

北京：清华大学出版社，2008

北京：机械工业出版社，2002.

北京：清华大学出版社，2007.

软件与实现[M]. 北京：清华大学出版社，2008.

工程：使用 UML、模式与 Java[M]. 3 版. 北京：

关键技术研究[D]. 天津大学，2007.

清华大学出版社，2008.

2. 需求汇总表

XX 项目需求汇总表

编号	需求类型	业务目标	调研内容	优先级	调研部门	角色/职位	调研对象	调研人	调研时间	备注
1	新建项目		按照项目编号逐项列出需求内容	数字越大表示优先级越高，需要着重强调；可用于项目组最终确定执行任务优先级时使用			姓名+岗位，例如，张三(项目经理)		示例：2016/10/10	
2	在建项目补充									
3	现有系统维护									
4	其他									
5										
6										
7										
8										
9										
10										

3. 涉众概要模板

XX 项目涉众概要

编号	涉众名称	涉众说明	期望
1. 具备唯一性； 2. 编号规则:SH_001，其中 SH 是 StakeHolder（涉众）缩写,下划线，三位顺序号组成	1. 尽量使用客户实际业务中使用的名称，便于交流、节约解释时间，提高需求调研效率	1. 涉众说明为需求调研指明方向； 2. 从业务角度概述涉众情况，做名词解释	1. 期望以 Expect 首字母+三位序号编码，如 E001

4. 涉众简档模板

XX 项目涉众简档

涉众	1. 编号及名称来源于涉众概要 2. 可以包含一个或多个涉众（按同一职责、角色或岗位合并同类项）
涉众代表	1. 初步拟定的调研对象
特点	1. 描述涉众的特点,主要从与业务相关角度描写
职责	1. 描写涉众代表的职责,可参考涉众代表的岗位手册、规章制度等，从中提取涉众代表的职责。
成功标准	1. 用可量化的语句描述业务操作完后的结果
参与	1. 填写涉众代表在需求采集活动或系统建设中的作用或意义
可交付工件	1. 此处描写可以从当前涉众处收集到的所有材料，包括但不仅限于业务表格、统计报表、业务流程、规章制度、管理条例等
意见/问题	

[1]Wiegers K.软件需
华大学出版社，2

[2]谭云杰. 大象 Th

[3]Robertson S，Rc
社，2014.

[4]Leffing well D.
工业出版社，2

[5]杨巨龙，周永

[6]Leszek A，M
北京：机械

[7]Withdl S. 车

[8]杨长春. 🔲

[10]邹盛荣,01
学出版，2

[11]项亮.OL

[12]朱扬

[13]黄及告[

[14]杨
北京

[15
学出版
工业出
支信息.
版社，2
01.

[22]费 RUP 和
学），200

[23]🔲 软件过

[24]电力成熟

[25]🔲 用例建

[26]本系结构

[27]undation
tes, 1992.

[28]实例[M].

[29]用例[M].

[30]管理[M].

[31]构件化

[32]的软件

[33]需求分析

[34]版. 北京